造价员全过程岗位技能实操攻略

主编 马金鑫 王启存
参编 田 伟 王梦璇 李同超 徐宝洲

机械工业出版社

本书由执业篇和提升篇两部分组成。第一篇是从行业现状与未来、造价人日常工作、造价人个人提升、求职与职业规划四个方面给出专业建议和解决方案。造价人在工作过程中不知所措时，可以从本书中找到答案。第二篇从个人成长与管理、全过程造价岗位实操、造价必学知识等相关技能方面提供攻略，明确个人职业路径，拓展思路、提升自我，搭建自己的造价知识体系，实现从小白到成手的蜕变。

图书在版编目（CIP）数据

造价员全过程岗位技能实操攻略/马金鑫，王启存主编 .—北京：机械工业出版社，2022. 12

ISBN 978-7-111-72258-8

Ⅰ. ①造… Ⅱ. ①马… ②王… Ⅲ. ①建筑造价管理 – 岗位培训 – 教材 Ⅳ. ①TU723. 3

中国版本图书馆 CIP 数据核字（2022）第 252867 号

机械工业出版社（北京市百万庄大街22号　邮政编码100037）
策划编辑：张　晶　　　　责任编辑：张　晶　张荣荣
责任校对：张爱妮　张　薇　封面设计：张　静
责任印制：李　昂
河北鹏盛贤印刷有限公司印刷
2023 年 3 月第 1 版第 1 次印刷
184mm×235mm · 13 印张 · 269 千字
标准书号：ISBN 978-7-111-72258-8
定价：69.00 元

电话服务　　　　　　　　　网络服务
客服电话：010-88361066　　机 工 官 网：www.cmpbook.com
　　　　　010-88379833　　机 工 官 博：weibo. com/cmp1952
　　　　　010-68326294　　金 书 网：www.golden-book.com
封底无防伪标均为盗版　　　机工教育服务网：www.cmpedu.com

前言

清晨暖阳,溜进我的窗。跟往常一样,冲一杯咖啡,打开计算机,噼里啪啦的键盘敲击声里,荡漾着花的暗香。

从2019年秋天开始,我便习惯用文字记录自己的想法。决定写这本书,也是想把十几年的工作感悟做个小结,清空自己,重新出发。

看起来顺理成章,却又那么不可思议。

我是一个不靠谱的人。跨越京、津、深三地,两次北漂的工作经历,是任何一个HR都不愿意看到的。

从小不爱读闲书,直到大学毕业后才开始喜欢上读书,只因大学校园附近有一家书店。而现在我的书,多到一书柜都装不下,更有好多书跟着我搬了好几次家,换了好几个城市。

从小我就怵头写作文,记得有一年寒假,作文是最后一天趴在被窝里突击完成的。而现在只要有想法,我马上就会用文字记录下来。

自从八岁变成小胖墩,我就不再有一项体育爱好。而今年单纯靠适度锻炼、控制饮食,三个月竟减了20斤,降到10年来的最轻体重。

自认为有轻度社交恐惧症,企业内训时,努力跟每位员工做眼神上的交流……

我又是一个靠谱的人,十几年一直从事造价行业,多数时间在咨询公司工作,还算追求上进。

自己也曾是一个造价小白,从给师傅拖地、倒水、打杂开始,学习识图软件、建模计量、编清单组价、带项目带团队,直到成为技术负责人。一路走来,跌跌撞撞,走了不少弯路。

这些年,我带过很多徒弟,也亲眼目睹了许多毕业生从造价小白,做到公司骨干。回想起2008年7月2日晚上,我独自拉着行李箱,住进北京五环外的单间平房。现在的我,仿佛回到了从前那个少年,希望通过文字,对新入行的造价从业者有所帮助和引导。

本书基于作者自身多年的工作经验和感悟,历时两年整理而成,适合人群包括造价专业在校大学生、造价员、咨询公司从业者等。

  在此，感谢同行、前辈在专业上提供的帮助，感谢广联达公司对自己的认可。特别感谢王启存、田伟两位老师，为本书创作提供的帮助，定期的专业交流让我受益匪浅。感谢家人的默默付出，作为坚实的后盾，让我可以全身心投入到本书的创作中。感谢各平台的读者、学生对我一如既往的支持，我愿与大家一路同行，遇见未来更好的自己。

  因本人水平有限，书中不妥之处欢迎各位书友及同行批评指正，不吝赐教。

马金鑫

目录

前言

第一篇 执业篇

第1章 行业现状与未来 2
1.1 你是传说中996的"造价猿"吗 2
1.2 除了内卷和躺平,有没有第三种选择 4
1.3 师徒之间的"相爱相杀" 5
1.4 造价行业未来是否会被人工智能取代 7
1.5 造价从业者越老越吃香,为什么现在变成了年轻人的天地 9
1.6 咨询公司资质取消,造价师没用了,不需要考证了吗 11
1.7 取消造价资质认定与逐步停止发布定额对造价从业者有哪些影响 13

第2章 造价人日常工作 16
2.1 造价员要配一台什么样的电脑 16
2.2 这些"武器"你准备好了吗 18
2.3 我只要我以为,不要你觉得,半句话猜猜猜,业绩多好也只能无功而返 19
2.4 做好工作复盘,提升工作能力要做到这几点 21
2.5 交接工作千万不要这样做 23

第3章 造价人个人提升 24
3.1 下班后才是真正的较量 24
3.2 造价知识技能的四个维度 26
3.3 成为造价高手要具备什么条件 28
3.4 造价小白要学会搭建自己的知识结构 31
3.5 造价私活一定要接吗 32

第 4 章 求职与职业规划 ······ 34
- 4.1 一个萝卜一个坑，挪不挪看坑也看萝卜 ······ 34
- 4.2 造价从业者跳槽如何选择公司 ······ 35
- 4.3 造价从业者求职时如何包装自己 ······ 38
- 4.4 为什么咨询公司宁愿招工作四年的而不招工作八年的计量高手 ······ 41
- 4.5 做不够两年就离职被质疑忠诚度，对个人发展不利 ······ 43
- 4.6 30 岁的造价从业者，你的人生能否经得起你做永远的小白 ······ 44
- 4.7 造价人没有"35 岁危机"，做好个人 IP 规划，35 岁就是你高薪的起步 ······ 47

第二篇 提升篇

第 5 章 造价小白"心中的问号" ······ 54
- 5.1 造价小白必须想清楚的四个问题 ······ 54
- 5.2 行业发展现状及前景 ······ 57
- 5.3 如何做好职业生涯规划 ······ 59
- 5.4 如何判断造价咨询公司的好与坏 ······ 61
- 5.5 如何求职造价咨询公司 ······ 64
- 5.6 如何找到好师傅 ······ 71

第 6 章 个人成长与管理 ······ 74
- 6.1 个人成长 ······ 74
- 6.2 目标管理 ······ 77
- 6.3 时间管理 ······ 79
- 6.4 沟通管理 ······ 82
- 6.5 信息管理 ······ 83
- 6.6 自我投资 ······ 86

第 7 章 学习计量知识技能的方法 ······ 88
- 7.1 如何学习识图 ······ 88
- 7.2 如何学习软件 ······ 90
- 7.3 如何学习清单定额 ······ 91
- 7.4 施工现场的看与学 ······ 92

7.5 对量那些事 ……………………………………………………………… 93
7.6 如何获得全过程造价的驻场机会 …………………………………… 95

第 8 章　全过程造价实操要点 ……………………………………………… 98
8.1 模拟清单 ……………………………………………………………… 98
8.2 答疑清标 …………………………………………………………… 100
8.3 合同组卷 …………………………………………………………… 107
8.4 重计量 ……………………………………………………………… 108
8.5 进度款 ……………………………………………………………… 110
8.6 设计变更与现场签证 ……………………………………………… 111
8.7 结算 ………………………………………………………………… 119

第 9 章　咨询公司的"来龙去脉" ………………………………………… 121
9.1 岗位职责及要求 …………………………………………………… 121
9.2 公司类型、制度与流程 …………………………………………… 122
9.3 全过程造价的具体工作 …………………………………………… 123
9.4 工作清单 …………………………………………………………… 142

第 10 章　造价人的"拦路虎" …………………………………………… 144
10.1 造价人的瓶颈 …………………………………………………… 144
10.2 造价人的证书 …………………………………………………… 147
10.3 造价人的副业 …………………………………………………… 149
10.4 造价人再出发 …………………………………………………… 151

第 11 章　地产全过程造价的工作清单 …………………………………… 153
11.1 测算 ……………………………………………………………… 153
11.2 编制工程量清单 ………………………………………………… 154
11.3 编制控制价（标底、参考价）………………………………… 156
11.4 清标 ……………………………………………………………… 158
11.5 总包重计量 ……………………………………………………… 160
11.6 进度款审核 ……………………………………………………… 164
11.7 变更、签证编制及审核 ………………………………………… 166

11.8 结算编制及审核 ……………………………………………………………… 167

第 12 章 求职面试"必考题" ……………………………………………… 170
12.1 HR 十大常见问题及回答技巧 ……………………………………………… 170
12.2 专业负责人十大常见问题及回答技巧 ……………………………………… 171

第 13 章 地产全过程造价的工作流程 ……………………………………… 173

附录 造价小词典 …………………………………………………………… 178

参考文献 …………………………………………………………………… 199

第一篇
执业篇

- 第 1 章　行业现状与未来
- 第 2 章　造价人日常工作
- 第 3 章　造价人个人提升
- 第 4 章　求职与职业规划

第 1 章
行业现状与未来

1.1 你是传说中996的"造价猿"吗

地产行业发展到现阶段,已经由黄金时代转向白银时代。第七次全国人口普查显示,经济发达的地区人口呈现净流入状态,而更多经济欠发达的地区人口则呈现净流出状态,流出人口主要是年轻人,加上90后、00后住房观念转变、住房需求下降,导致地产公司销售疲软。为保证投资人、股东利润最大化,充分利用金融杠杆,加速资金流转,地产公司纷纷将项目建设周期压缩到极致。很多公司996已是"潜规则",而作为下游企业,加班已是行业常态,就如同互联网、金融行业一样。

像咨询公司这样以人力资源为主的企业更是如此。那么,作为造价从业者,我们该如何应对呢。通常人们在面对危险时,处理方法无外乎"打"或"逃",这是由人类的动物性决定的。我们的祖先在面对危险动物时采用的方法就是打或逃。但"逃"在职场上行不通,即使暂时选择了"逃",换了一个行业,还是要面临"打"或"逃"的选择。因此,作为造价从业人员,要保持良好心态,接受现实。这点体现在方方面面,假如求职时不能接受加班,那么,在工作选择上就会受到限制;假如仅仅口头承诺可以加班,但是工作时总是抱怨、拖拉,不能做到言行一致,也无法将工作干好。只有摆正心态,工作时保证效率,工作之外提升自我,才能有效地让自己少加班、不加班。

摆正心态后,还要了解加班有哪几种情况,才能更好地做出应对。

第一类是因时间紧任务重,工作时间内无法完成,不得不加班,这也是最常见的情况。这种情况需要评估自己的工作能力在规定时间内能否完成该工作量,如果通过适当加班可以完成,工作安排就没有问题;如果加班也无法完成,就应提前跟领导沟通、反馈,由领导统筹重新分配工作。

第二类是因工作安排不当导致的加班,这里所说的安排不当的原因有甲方成本原因、甲方其他部门原因、自身原因等几种情况。如果是自身原因，可以参考上一类解决方法；如果是甲方成本原因，需要项目负责人或公司领导与甲方成本建立合理工作机制，避免一而再、再而三出现安排问题；如果是甲方其他部门原因，则需及时提醒并明确时间上的责任划分，有效规避非自身原因的责任。

第三类是因个人能力不足导致的加班。这种情况常出现在新人阶段或者项目负责人分配自己从未接触过的工作。遇到这种情况，一方面需要自己扛过去，另一方面要在工作中学习，学习处理问题的方法，学习实操的专业技能，提高个人能力，尽早度过困难时期。

第四类是因工作态度导致的加班，这种情况常见于大型企业，之所以会出现这种情况，出发点在于员工想做给领导看，或者领导想看到员工加班的样子，因此投其所好。通常的理由是"会干的不如会表现的"，而一旦离开这位领导或这家公司，自己又没有硬核能力，到哪里都会碰壁。

第五类是因自我提升需要导致的加班。这种情况最为少见，却最应该这样做，特别是刚进入职场的新人。在咨询公司里，很多人的工作状态是紧锣密鼓、马不停蹄，其实更多的是重复性练习。有人听说过一万小时理论，说这不就是刻意练习吗，其实这种理解是错的。刻意练习首先是聚焦（FOCUS），这点来讲没有问题，大多数造价工作都很聚焦，比如完成建模计量。其次是反馈（FEEDBACK），造价工作的反馈具有延迟性，无法及时反馈出结果，需要进行复盘才行。但对于大多数人来讲，这部分是缺失的，做完一个项目马上投入下个项目，或者手头的项目还没结束下个项目就来了，结果是只能做到熟练，但无法做到熟能生巧。第三是调整（FIX），对于第二步总结的经验教训，在下一次工作中调整。只有这样，加班所花费的时间才是值得的。但无论是哪一种情况，关键在于提升自己，而不是简单重复的工作。

那么，加班时有哪些注意事项呢。

首先，不到万不得已，不要搞疲劳战术。加班要尽量保证效率，长时间的连续加班，导致人困马乏，不但影响工作准确性，当天休息不过来，还会影响第二天的工作状态，总体来讲不划算。如果实在没办法，需要连续加班或者通宵才能完成，应先做复杂、逻辑性强的工作，再做简单、重复性强的工作。因为到了后半夜大脑已经无法处理高难度的工作。从工作安排上，应该本着"前紧不通宵，提交成果前通宵"的原则。

其次，在工作分配上，尽量不要一个人通宵。后半夜是身体最疲惫的时候，同时也是精神最崩溃的时候。别到头来工作是完成了，但是对公司的归属感却丧失殆尽。最好是项目团队一起通宵，不但可以互相提醒、互相鼓励、共渡难关，还可以提高团队的凝聚力。

然后，饮食上要注意清淡。正常加班的话最好不吃夜宵，通宵加班的话可以吃一些水果作为补充。多喝水，尽量少喝浓茶、咖啡、功能性饮料等。

最后，需要提醒的是，如果一个公司长期处于加班状态（半年以上），且工作内容单一重复，你就要考虑该公司是否适合自己的长期发展了。

1.2　除了内卷和躺平，有没有第三种选择

内卷是指非理性的内部竞争或"被自愿"竞争，同行间竞相付出更多努力以争夺有限资源，从而导致个体"收益努力比"下降的现象。目前造价行业也深受内卷影响，从上至下，地产公司之间、下游公司之间、部门之间、部门员工之间都存在内卷现象。

随着房地产销售日益严峻、投资人要求越来越高，两者之间的矛盾使得地产公司之间为了争夺外部资源而竞争，这必然使得地产公司刀刃向内，不断朝着高标准、严要求的目标前行。于是，各个部门都设定了苛刻的考核指标，而不同部门之间的考核指标甚至是冲突的，并以此互相牵制。部门之间为了完成考核指标内卷，将考核指标传递给下游企业，使得下游企业投入更多的人力、物力，下游企业没有技术壁垒，就没有定价权，企业之间就会出现内卷。而下游企业内部也同样存在内卷问题。以咨询公司为例，各部门为了完成更高的合同签约额及回款额，部门员工为了争取更高奖金、晋升机会，都会形成内卷。也就是说，高端资源稀缺，同行之间为了获得该资源相互竞争，不断投入资源，使得投入产出比下降，从而形成内卷。整个产业链就如同一个沙漏，经过层层筛选加剧内卷，最终影响行业中的每个人。

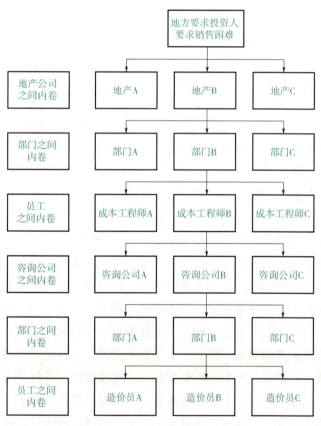

行业内卷成因：①高端资源有限；②上一层级将目标转化为对下一层级的要求；③通过对下一层级采用激励、制约等手段形成竞争。

深层次的内卷成因来源于我们

自身。每个人的时间、精力是有限的,而我们习惯把目标定得很高,学生时代要做好学生,步入社会后,随着身份的不断转变,我们要做好员工,要做好儿女,要做好伴侣,要做好父母,剩下的时间和精力做好自己。你可以把这些角色想象成几个小人,我们对每个小人的要求都很高,激励他们做好自己的事,同时他们之间又存在制约,小人之间相互竞争形成内卷。

对于做好自己来讲,我们可以选择健身、读书、学习一门手艺,也可以选择刷剧、网游、吃喝玩乐。我们更愿意选择后者,这些能带来即时满足,也更省脑力,于是,在与前者的PK中获胜。

既然如此,我们如何才能避免内卷呢。

首先,选择大于努力。传统行业基本上都存在内卷。新行业初期阶段没有内卷,但要有发现新行业的眼光和实力。过了初期阶段,大量参与者涌入,加速竞争形成内卷,最终变成传统行业或者消亡。对于普通人来讲,选择在行业上升期进场,赚取行业红利,是比较务实的选择。而对于已经选择传统行业的人来讲,寻找行业内的"缝隙",是产生新方向的机会。转换赛道时,要对行业发展有预判,提前布局做好准备,实现"软着陆"。眼瞅要撞山了,再打方向就来不及了。

选择了新行业、新方向就一劳永逸吗?显然不是。长江后浪推前浪,新人会把你拍在沙滩上。也许等不到退休,新行业、新方向就变成传统行业或者消亡了。在找到新行业、新方向的基础上,加速形成壁垒,可以让自己走得更远。要是能找到天堑最好,不用挖就形成天然屏障。如果找不到,要自己挖护城河,最好选择长期、可产生复利的类型。别人一开始看不上,后来变得不理解,挖沟就能解决问题吗?到最后看你做得不错,想模仿你挖沟,一看怎么挖也追不上,便放弃了。

更重要的是,自身要有避免内卷的"基因"。无论工作中,还是生活中,深度学习、深度工作可以带来新的机会。当有多个机会时,可以有效降低黑天鹅事件对自身的影响。

内卷不是现在才出现的,短期内也不会消亡。"躺平"不是解决之道,深度学习、深度工作才是破除内卷的根本。

1.3 师徒之间的"相爱相杀"

造价新人刚入行总会有各种疑惑,图纸不会看,软件不会操作,不知道如何开展工作,也不知道如何学习和成长。假如有师傅带,可以少走很多弯路。但现实情况是:出了学校大门,没有谁会义务教你,即使公司安排师傅,因为工作繁忙,也很难手把手教你,有的甚至一个人带四五个新人,或者公司干脆采用"散养"的态度,没有人带,全凭自己。在这种情况下,我们又该如何找师傅，如何学习呢。

首先要明确一点：自己是否打算从事造价行业。关于这个问题，我们可以给自己留一段时间去考虑，不用着急下结论。这个问题不解决，即使后来找到师傅，也是浪费彼此时间。如果决定要从事造价行业，就要有积极主动的态度。另外，职场人要具有责任心、工作细致等职业素养。造价行业也是如此，每天跟数据打交道，对于你来讲只是数据，对于老板来讲就是真金白银。

作为新人，我们先要做好领导交代的工作，在没有工作安排的时候多学习、勤练习。所谓做好工作，就要做到事事有结果、时时有反馈。

另外，在工作、学习的间隙，我们要做到"眼勤、嘴勤、腿勤"。平时除了新人，大家都很忙。公司里有些日常琐事，新人应该主动承担起来，比如：给饮水机换水等。这些看似小事，实际上通过这些琐事，我们可以熟悉周边的同事，并给他们留下好的印象。与此同时，在一定程度上也可以了解同事的专业水平。

在咨询公司，项目负责人没有时间带新人，作为师傅最适合的人选就是工作2～3年的造价员。如果公司给你安排了师傅，那就平时多给师傅帮帮忙；如果公司没有安排师傅，作为新人你要物色师傅，并创造接近的机会。目的就是为了让师傅信任你，觉得你靠谱，愿意带你。这里的"接近"和"目的"并非贬义，古代人学习一门手艺都要帮师傅干杂活，学习绝活更是要偷艺才行。当然做这些事的前提是人品要正，真心付出，不能有"功利"或者"被迫"的态度。有的人学成后不愿意承认，或者认为想当初自己鞍前马后，师傅教徒弟应当应分，这种心态要不得。

找到师傅后，我们该如何做好徒弟呢。

第一，按照师傅安排的工作学习和练习，过程中遇到问题，如果卡住无法进行下去，马上请教师傅；如果不影响整体进度，就攒到一起集中解决。

第二，养成今日事今日毕的习惯。新人往往没有按照计划学习的能力，大多数都是今天拖明天，明天拖后天。作为谋生的手艺，没有今天不想明白就睡不着的劲头很难学好。

第三，作为职场人要转换角色和心态。新人常常准时下班，多一分钟都等不了，有的甚至提前就收拾好了，等着打卡下班。这些小事师傅都会看在眼里，本来想好好带你，慢慢时间长了，心一凉，也就不愿意教你真本事了。

第四，要有知恩图报的心态。真正的良师并不图回报，都是希望徒弟发展得越来越好。所谓知恩，起码要做到假如以后不一起共事了，别断了联系。

说完如何找师傅，如何做徒弟后，我们反过来说说如何当师傅，如何教徒弟。

师者，传道授业解惑者也。传道是指教理论知识，授业是指教专业技能，解惑是解答学习过程中的疑问。

在这之前，师傅应该先教徒弟如何做事。这里面包含两层意思，一层是如何做好工作，这是工作态度和工作方法的问题；另一层是教授正确的知识和技能，这是标准和规范的问题。所谓守正出奇，只有知道什么是规矩，才能懂得创新。有的人开始就教如何"投机取巧"，或者自己也不清楚什么是规矩，这样就把徒弟带歪了，有了先入为主的思维，以后纠正起来就很麻烦。有的人工作几年后才知道当初有些想法是错的。

师傅应该用心带徒弟，多用正念去思考，本着"送礼物"的心态，教会别人就当是送出一份礼物，偶尔遇到别人不太满意，但自己的初心是好的。另外，通过教也是一种自我检验。往往人们工作几年后，很难客观评价自己，不易察觉自身的不足，也不想承认自身有短板。从这个角度讲，师傅在教授知识的同时可以查漏补缺，也是一次完善自我的学习过程。

有一点大家不太好接受，那就是很多人会造价但不会教造价。"会"和"教"是两码事，"会"是自己学习的结果，而"教"则是要换位思考，站在学的角度，如何将知识和技能更好地讲出来。

至于如何教徒弟，第一，需要有计划性。计划性体现在教多长时间徒弟能达到什么水平，可以做什么类型的工作。倒排计划列出学习时间表，由粗到细，细化到每天应该掌握哪些知识。

第二，学和练相结合，好比运动训练学中有一种方法叫作以赛代练，通过比赛，可以更好地反映训练过程中存在的问题。针对性模拟练习至关重要，限定时间和要求去完成具有代表性的工作，可以发现知识中的漏洞，以此查漏补缺。

第三，教授知识和技能，在解决如何做的同时，要告诉徒弟为什么做这项工作，做这项工作的目的是什么，这项工作在全过程造价中属于哪个阶段。

第四，也是我认为最重要的一点：师傅应该成为徒弟职业方向的引路人。通过分析市场、行业等外部环境，结合徒弟的自身特点，给出职业发展的建议。

师傅和徒弟这种关系可能是暂时的，在新知识大于经验的年代，如何快速学习一门新知识变得尤其重要，也许再过多少年，现在的师徒关系会发生对调，这些也不是不可能的事。

1.4 造价行业未来是否会被人工智能取代

随着人工智能大潮的来袭，各行业或多或少都会受到影响，似乎一时间每个人的职业生涯都变得岌岌可危。造价行业作为传统行业，迭代速度缓慢。正因为如此，造价从业者并没有危机意识，觉得人工智能离自己还很遥远。直到近两年"计量机器人"的出现，使得人们的神经紧绷起来，恐慌的情绪随即蔓延开来。既然狼真的来了，那么，人工智能对造价行业会产生多大影响呢？

这就要从计算机的特点说起，它的优点是：存储量大、计算速度快、准确度高、对于有规律的事情执行力强。造价行业有哪些工作具有这些特点呢，很显然，计量工作就属于这一类。计量依托于图纸、图集规范、工程量计算规则，这些都有规律。因此，只要图纸质量高，除了工程量计算规则要依据甲方要求调整外，其余工作都可以交给计算机来完成。对于计价，计算机虽然无法直接解决，但是依靠数据库和询价平台，可以解决大部分问题。

这时你肯定会说，造价的主要工作就是计量和计价，既然都被取代了，我们岂不是要失业了。你放心，接下来我说说那些计算机无法取代的工作。

虽然计算机可以大幅提升计量速度，但是准确度又如何保证呢？因此，与之前相比复核工作将明显增加。这时你又会说，计算机不是有复核功能吗？夸张点说，即使在屏幕上显示"复核准确率100%"，那也只是计算机按照流程执行的结果，这跟我们心里认为的准确率100%是不同的。一个上亿元的工程，单击开始按钮，过几分钟直接出工程量，甚至金额。像这样没有对结果进行逐一确认，不知道里面埋了多少雷，想想岂不是很恐怖。这就如同从手算时代到电算时代，很多造价新人没有手工算过量，不知道工程量计算规则是什么，只知道照葫芦画瓢，导入图纸识别完事，所以才会被施工单位的老预算员坑，闹出"软件就是这么算的"这样的笑话。

说完计量，再说说计价。签证变更涉猎的内容千变万化，需要分析合同才能得出结论，这就引入了不确定性，很明显，不确定性是计算机的短板。我们可以对信息进行重构、处理、加工、拆解成有规律的流程，剩下交给计算机来完成。

另外，有经验的造价从业者在计量、计价时往往要把握一定尺度，而计算机无法度量尺度的大小。同样，我们可以在计算机处理完成后进行二次调整。对于目标成本、估算等需要预估的工作内容，计算机更是无法操作。

将来的造价工作一定是从业者和计算机协作完成，从业者通过分析重构信息，拆解成可执行流程，交给计算机来完成，从业者再对输出结果进行调整。

说了那么多，面对人工智能，造价从业者并不会因此失业，但是就业岗位将明显减少，竞争加剧、提升自我成为必然趋势。既然基础工作都交给计算机完成了，我们又该提升哪些能力呢？

第一，具备项目管理能力。造价并不只是简单的计量计价而已。对于地产公司来讲，如何控制成本是关键；对于施工单位来讲，争取最大利润是根本；对于咨询公司来讲，服务委托方完成目标是职责。无论哪一方，都要具备项目成本管控能力，知道项目分几个阶段，每个阶段有哪些关键点，以及如何落实关键点。这就要求我们在工作中建立全局意识，留意领导管控关键点的介入时间和方法，提前学习晋升岗位的专业能力，为以后做好准备。

第二，具备工作拆解能力。以往造价工作是人与人之间协作完成，今后会有计算机加入进来。无论合作对象是谁,合作方式如何,都要先将一项工作拆解成若干个工序,哪些工序适合人做,哪些工序适合计算机做,谁更适合做什么,做到心中有数,才能"尽其用"。分工后注意做好人机沟通,形成工作闭环,高效完成工作。

第三,具备"定方向"能力。对于一项工作,今后的工作重点在于提出方案、明确原则。在这个过程中,既要具备扩展性思维形成多个方案,又要明确方案比选的原则,经过实施确定方案。

人工智能被称为第四次技术革命,必将给社会带来巨大变化。只有不断学习、提升自我才是立足之本。

1.5 造价从业者越老越吃香,为什么现在变成了年轻人的天地

35岁以上的基层地产人,越来越危险!经验真的没用了吗?许多房企宁可高价招聘一个毫无经验的应届生,也不愿留下一个已经工作几年的"老员工"。新老员工薪资倒挂的现象也很普遍,特别是名校毕业生的薪酬待遇常常超过工作几年的中基层员工。

施工单位过多依赖周边人脉关系寻找经验丰富的复合型人才,行业变动迫使许多冲进地产行业的人才失业,回到施工单位也是常态。近两年时间,施工单位工作10年的造价人员,工资水平多数在15k以上,而工作5年以内的造价人员工资停留在6k左右,工资待遇相差一倍以上,让人难以理解。

咨询企业往往更愿意招聘年轻人。许多咨询企业的HR与建筑类院校对接,专科没有毕业就去单位实习,实习期间签订意向劳动合同。针对天津地区咨询企业来说,员工平均年龄在28岁,工作3年就要成为驻场项目经理,没见过什么是构造柱就要与施工单位争论,这的确不可思议。

在智联招聘网站上,咨询企业招聘以1~3年工作经验为主,学历要求一般是大专生。天津市、西安市、郑州市三个地区信息分析,见表1-1。

表1-1 天津市、西安市、郑州市三个地区信息分析

	天津市	西安市	郑州市
工作年限	1~3年	1~3年	1~3年
工资待遇	4k~9k	3k~6k	3k~7k
学历要求	大专	大专	大专

行业内有"35岁分水岭"的说法,意思是35岁还没做到中层,不仅未来晋升机会很小,

还随时可能面临被淘汰的风险。这下子凉透了这些"老前辈"的心，以前的观念是"越老越吃香"，为什么现在变成了年轻人的天地？

随着市场需求的变化，我们造价人必须跟上时代，不然就会被淘汰。因为现在市场需要的是劳动力岗位，并非高水平复合人才。可归纳为以下几点：

1. 行业标准化管理由复合人才拆分为分岗制度

我们不难发现现在大型房地产企业分工很细，并且流程都是固定的，只要在一个岗位上按照固定流程做事就可以，人员同岗异地调动也很频繁，更换人员频次按年计算，这样换人损失很大吗？实际上都已经是标准化管理，工作交接也非常简单，就像工厂的操作工一样，每天先做什么后做什么，简单重复，换一个人知道顺序就可以上手操作。

比如万科地产，从设计到施工，都有一套标准体系，设计户型都是全国统一标准，每户工程量都是固定的。万科出的工艺手册比图集更详细，对于经验丰富的中层管理者来说，并没有什么优势，按照流程毕业生就可以做到。

咨询公司类似房地产企业，招标投标和造价业务占总体业务的90%，也就是说这些工作绝大多数是标准流程，按工作性质拆分分组就可以。比如某咨询公司分为招标投标部、土建计量部、安装计量部、计价部、总工办，其实就是做成标准化模块，分工作业可以降低成本。例如一个工作5年的人再去计算工程量，虽然计算的比初学者更精确，可是工资要翻倍，市场竞争这么激烈，为保持正常经营为首要目标，招新人计算工程量就可以。

施工单位在招聘人选时有两种情况：其一，大型国企。不再招聘年龄超过35周岁以上的员工，因为每个项目都是标准化，在中层管理和基层管理不需要什么管理经验，就连项目经理都是很年轻的人。比如中建某工程局，分供商都是集采管理，文明施工都是CI标配，对外合约也是闭口形式，每年花几十万元请一个经验丰富的管理人员是浪费；其二，则是中小型民企。标准化体系不完善，必须招聘有一定经验的管理人才，首先可以降低未知风险，未预见的事项让经验丰富的人去管理，达到可控效果，其次是把经验形成标准，借鉴大型企业的管理标准，固化自己的企业流程。

2. 现代信息化发展改变了对经验的依赖性

信息化发展对造价行业冲击很大。在20年前造价人员的工作都是看着图纸扒量，有时还用三角比例尺量取图纸尺寸计算，定额套用是写在稿纸上按计算器汇总，一个做法换算需要在草纸上记录验算，再填到报价表。审核人同样也需要用这种方法做一遍。现在毕业生都使用软件计算，软件里已经设置好了做法换算条件，只需单击"是"或"否"就可以，自动关联套用做法。

20年前做造价的人和现在的毕业生相比，同样工程同样耗时，性能相比也相差无几，但是经验丰富的人工资要翻倍。

过去几年，工程造价信息价格是很少，市场询价都很费力，现在有专业的网上询价平台，更接近造价需求。比如每日钢铁网，直线落差的价格也能随时了解，而在 10 年前全靠人力去询价，交易价格偏差也超过 10%，采购钢筋材料都有"二道贩子"。那么，过去主要靠有丰富经验的人去记忆、记录这部分材料的价格，从更广的渠道收集信息，这些资深人员都是企业不可缺少的，而现在有人指挥一下毕业生也可以做到。所以，造价员趋向年轻化是常态，市场变化，企业选人用人也在变化。

3. 高端管理复合型人才是缺口

工程造价再进行技术细分是初级管理、中级管理、高级管理，那么高级管理就需要高端的复合型人才，不是标准化和信息化发展技术可代替的。这些人往往是流程的制订修改者，趋向于成本经营管理，随着事件的变化而不断调节。不管是地产还是施工单位，即便是咨询企业也需要这方面的人才，工资在 20k～30k，企业年薪 50w 的也不在少数。

从流程管理可以分类，流程线越短需要的技术含量越少，例如广联达软件操作，只是一个人操作完成，是很短的流程管理，一个新手就可以完成；全过程项目管理则需要一个资深管理人，全面抓起来技术含量极高，从招标投标到施工管理再到竣工结算，完成这件事需要 2 年时间，流程线复杂。

从企业类型划分，则需要看符合什么人来选定什么样的岗位。地产行业进入高层管理很难，有经验还需要靠人脉，晋升也很缓慢；因为业务限制了人才岗位，咨询公司需要的高端人才很有限，有 70 个员工的公司仅仅需要 2～3 个高层管理人员；施工单位一般都设立成本部门，人员少，需要全程管理。所以，工作 10 年以上都已经定性，业务精通的分类也决定了求职岗位的不同。

4. 总结

适合自己年龄段的工作是由需求岗位决定的，市场需要的才是合适的，不能听说某某企业工资高就想跳槽，要看自己是否符合这个岗位再做行动，否则这个错误的决定，可能伤害你更深。

老员工不可怕，怕的是选择错误，把自己用在适合的岗位上才有价值。造价行业面向年轻化的人才是市场需求的必然趋势，行业走向规范化也是正常的。

1.6 咨询公司资质取消，造价师没用了，不需要考证了吗

之前"取消定额"的炮火还未消散，"取消资质"便如同一枚重磅炸弹扔进了造价圈。

根据《国务院关于深化"证照分离"改革进一步激发市场主体发展活力的通知》（国发

〔2021〕7号），工程造价咨询资质在全国范围内正式取消，自2021年7月1日起实施。

在全国范围内实施企业经营许可事项全覆盖清单管理，直接取消审批，将审批改为备案。

于是，又有年轻造价员问："考造价师还有用吗？"

很多老造价员也在思考："造价师是不是不用考了？"

其实，造价师证的需求并没有改变，而且只会越来越抢手。

1. "证照分离"改革势在必行，本质上没有改变

取消资质不过是把审批改成了备案，评审重点已经从公司资质转变为个人业绩，受影响最大的是那些挂靠证书的人员。

证照分离使得"南郭先生"彻底暴露，挂靠证书的日子走到尽头。

但是，只要招标市场存在，就需要注册造价师，盖章可以证明业绩。尽管实操有需求，但证书依然有用。

能承接造价业务的咨询公司，必然要有业绩，工作业绩是衡量一个人和一个公司的首要条件，证书也是必要条件，两者并不矛盾。

2. 没有真才实学将被淘汰

很久以来，很多造价从业者为了提高薪资待遇、谋求职位晋升，纷纷加入注册造价师考试的浪潮，有些甚至将考取的证书挂靠出去以获取挂靠费，这样使得注册造价师队伍"注水"，有造价师证书，没有专业能力的造价从业者大有人在。有些甚至靠证书应聘高管，骗取老板信任，还能屡次成功。

经常遇到负责商务的副总，竟然分不清楚成本测算和报价的基础，甚至连相关的税率知识都没有。商务管理失控，造成企业现金流严重失衡，令企业风雨飘摇甚至倒闭。

因此，很多单位开始回归务实精神，招聘具有专业实操能力的人员，不再盲目追求证书数量。证书够用就行，人员必须能干。

3. 企业资质逐渐向个人业绩转变

以往在评标过程中，企业资质和人员执业资格证书作为评分的得分项，甲级资质比乙级资质得分高，项目团队中注册造价师数量越多，得分越高。这样导致的结果是各投标单位竭尽所能凑分数，往往招标时项目团队是一拨人，合同执行时又是另一拨人。

取消资质后，注册造价师数量不再是评分的首要考量，而是综合考量造价师的个人业绩，依据符合项目要求的人员数量来评分。

建设单位选择咨询公司，关注点不再是公司，而是项目团队中的人员，只要个人业绩满足项目要求，就有承接项目的可能。这证明专业的能力不是靠证书，也不是说出来的，而是做出来的。盖有公司公章和个人执业章的业绩最具说服力。因此，证书证明执业资格，业绩证明执业能力。

4. 企业竞争力逐渐向个人竞争力转变

以往人们关注企业竞争力，取消资质后，现在更关注个人竞争力，从而扩大了承接咨询业务的主体范围。

有人开玩笑说以后遍地都是咨询公司，因为没有门槛了。

其实，门槛一直都有，只不过由企业竞争力逐渐向个人竞争力转变。个人执业资格证书可以证明学习能力，只要有专业能力，有人脉，咨询公司就会遍地开花，对老牌咨询公司也会造成一定的冲击。

新政策出台后，大家要头脑清醒，不要听风就是雨。一旦对政策理解出现偏差，很容易误入歧途，只有理性分析才能做出正确的决策。

取消资质是市场化的表现，形式上放开，本质并没有改变，反而对咨询公司的专业性提出了更高要求。

1.7 取消造价资质认定与逐步停止发布定额对造价从业者有哪些影响

2020年7月24日，（建办标〔2020〕38号）住房和城乡建设部办公厅《关于印发工程造价改革工作方案的通知》，逐步停止发布预算定额；2021年6月3日，（国发〔2021〕7号）《国务院关于深化"证照分离"改革进一步激发市场主体发展活力的通知》，取消工程造价咨询企业资质认定。造价行业正在面临严峻的考验，作为造价从业者该何去何从？

1. 从宏观建筑市场方向考虑

建筑市场的发展方向至少决定了造价从业者近10年的规划，造价从业者何去何从需要长远考虑。参考"李福和在建筑前沿公众号发表的文章《2020，没有增量的竞争》"，从建材使用量与投资角度分析，2018年以后建筑市场很难再有增量，建筑业处在行业的顶峰。

近几年房地产行业也在讨论"内卷"，意味着近几年房地产的发展趋势不容乐观。而房地产行业是造价业务的主要板块之一，造价从业者必定受到影响。许多从业者2010年的职业规划是去甲方，好不容易进了甲方，没工作几年，现在又要离开甲方，说明房地产行业基层岗位成本工程师的人才已经饱和了，工作付出与回报不成正比。

逐步停止发布定额，受影响最大的是初级造价从业者，而对于工作5年以上的造价从业者来说，原来靠定额计价，现在需要自主定价，实际工作量增加了很多，造价市场呈现扩大趋势。造价工作量扩大就需要大量的人才，虽然建筑市场并没有增量，但人才需求增加，两者可以相互抵消。

从建筑市场大环境，以及造价行业现状分析，取消造价资质认定不影响造价从业者。造价资质只是企业里承揽项目的"抓手"，原规则是从资质等级方面评价，现规则是从企业信誉方面评价，取消造价资质可以认为是优化营商环境的举措，与造价从业者没有关系。说得直白一些，公司的业务调整与造价从业者工作有什么关系？企业没有业务，员工离职谋求新工作即可，只要技术好何愁没地方去呢？

对于造价从业者，心里不要恐慌，学好一门技术是当前最需要关心的问题。造价从业者在以前建筑市场发展趋势较好的环境下生存，是比较舒服。如今需要不断学习进步，跟上时代发展，不被淘汰，才是正确的选择。

2. 从微观造价职场方向考虑

从微观造价职场方向考虑，取消造价资质认定会对造价师证书挂靠产生影响，没有资质就不需要那么多造价师证书了，清除一部分非造价从业人员，企业选择人才更加务实，有能力有证书的造价从业者会脱颖而出。

取消造价资质认定并不是取消造价公司，造价业务出了问题，由个人还是公司承担责任？显然这属于公司行为，应由公司承担责任。因此，取消造价资质，合同主体承担的责任并没有发生变化。许多人认为以后将变成个人执业，但对于市场而言，客户需要公司作为合同主体，即使如同律师从业模式，也需要事务所的存在，除非私企老板采用雇用个人做造价业务的从业模式。

逐步停止发布定额以后，造价咨询公司的业务会发生变化，就像现在房地产项目全过程造价驻场人员，在施工现场办公就叫全过程，离开施工现场就不能称为全过程，这就是市场变化引起造价咨询公司的业务变化。对于造价从业者来说，在办公室与施工现场办公都是因为工作需要，业务在哪里就要去哪里办公，招标结束了就去施工现场跟踪管理，将会影响造价从业者的工作环境。

目前，许多造价咨询公司承揽房地产项目业务量较大，实际上地产公司将造价基础工作劳务外包，90%以上的工作是计算工程量，工作3年的造价员就可以胜任，说明技术含量相对较低，服务技术含量低意味着利润较低，业务竞争激烈，进入以价换量的漩涡。造价资质取消，也正是造价咨询公司寻求转变的契机，帮助客户解决问题才是核心竞争力，还有就是要搞好客户关系，最终以业务数量和技术实力树立企业品牌。现阶段组建咨询公司门槛降低，也正是造价从业人员的创业时机，只要专业能力强，几个人合伙创办咨询公司很容易，造价资质取消降低了创业者的投资。

在20年前，预算员比劳动工人工作环境稍微强一些，毕竟太阳晒不着，但是晚上也要住工棚还需要加班，每天加班熬夜也是正常的事，比起干活的工人也好不到哪里去。房地产红利期不少白领加入，建筑市场需求量变大，出现了第三方监管，涌入大量人才，正是造价咨询公司的兴盛时期。近年来，房地产逐步走向衰退，造价咨询公司立足比较难，原来造价资质还可以当成"敲门砖"，现在必须组织大量造价人员去应对市场变化，不仅要有管理经验，还要不断学习，市场变化这么快，旧的管理经验已经过时。近两年热门词"大数据"就是咨询公司发展的一道坎，咨询公司处于转型期，从工作环境到组织管理，能够随着市场变化的企业才能立足，能够随着市场变化的从业者才能走得更远。

从造价职场看，造价从业者需要提升专业能力。取消造价资质认定和逐步停止发布定额是造价从业者脱颖而出的好时机。要相信未来，春暖花开，我们山顶上见。

3. 从建筑市场需求方向考虑

逐步停止发布定额，"定价"变成由造价从业者自主确定，从目前情况看，施工企业的造价从业者占据上风，懂得施工实际成本的人是有绝对定价权的。房地产项目，甲乙双方"稀里糊涂地报价、稀里糊涂地定价、稀里糊涂地结算"，这是当前许多项目的现状。价格来源无依据，有可能是拍脑袋想出来的，通常这样考虑："以往项目是这个价格，现在项目与这个价格差不多就可以"。双方定价后，最终施工企业亏损，结算时各种争议集中爆发。建筑市场需要造价管理者解决这些问题，项目亏钱就急需企业调整管理策略，这也正是造价人才施展才华的好时机。

对于造价咨询公司来说，重视业绩、重视信誉、重视人才是关键，有核心竞争优势的企业必定走在行业最前面。企业业绩依靠不断积累，取消造价资质认定与以往业绩无关，今后的业绩仍需经营管理数量才会增加。稳定客户关系，服务好客户，业绩自然就会增长。企业信誉来源于客户的评价，造价人才的多少可以代表企业的实力，因此，不管是大型公司还是小微企业，取消造价资质认定对造价人才的分布有较大影响。今后，造价咨询公司面临人才缺口，将淘汰一部分初级造价员，只会计量的从业者将面临激烈而残酷的竞争。

4. 结论

取消造价资质认定与逐步停止发布定额是市场变化，适应变化才能生存。造价从业者拼的是专业能力，冷静看待多变的市场环境，认识自己的能力边界，不恐慌、不畏惧、不懈怠、不侥幸。认识造价本质，踏实工作。取消造价资质认定只是一次行业变动，是造价从业者职业道路上的一个转折点。

第 2 章 造价人日常工作

2.1 造价员要配一台什么样的电脑

造价员要依据自己所做的业务配置笔记本电脑，产品价格与性能成正比，配置高了浪费，配置低了又满足不了自己的使用需求，我们可以依据造价业务情况进行配置。

2015 年 9 月份，我买的电脑是联想 ThinkPad W540（20BHS0ME00），价格是 1.9 万元，移动工作站笔记本电脑，同时打开 10 个 CAD 文件都不会出现卡顿现象，用广联达算量软件打开 7 万平米的地下车库，任意三维旋转都不会卡顿，直到现在性能还是可以的，估计能用到 2022 年，不考虑折旧，摊销下来 2700 元/年。总体算下来有些贵，但是你每天节省 1 个小时，每小时产生价值按 30 元计算，7 年下来比普通笔记本电脑划算多了。

其实，我买联想 W540 是一时冲动，工作并没有涉及广联达建模和 CAD 绘图，只是偶尔打开模型查看一些数据。高性能并没有充分发挥作用，确实有些浪费。我们可以结合工作情景多方面考虑，找到消费的平衡点。

造价工作可以分为初级、中级、高级三个层次，每个层次的业务内容也不相同。初级工作涉及业务也会有所不同，我们还要根据企业性质加以区分，才会找到消费的平衡点。

1. 初级造价员

工作 1~3 年的初级造价员，在咨询公司、施工单位或者甲方，业务性质相差很大。咨询公司按业务性质分为招投标、土建计量计价、安装计量计价。其中，土建计量计价对显卡和 CPU 性能要求比较高，外出对量任务多，要连续工作 6 小时以上，还要同时打开广联达算量和 CAD 两个软件。性能差的笔记本打开一个文件就要花很长时间，汇总工程量可能需要 30 分钟。性能方面应选择独立显卡和 i5 及以上的处理器，价格在 4500 元以上。普通电脑使用寿命四年，折合每年 1000 元左右。性能高一些会更好，但是电子产品更新换代快，超出预算太多着实没有必要。

在咨询公司做招投标工作对电脑性能的要求较低，正常使用OFFICE或WPS办公软件，标准配置就能满足需求，价格在3500元左右。即使外出使用，也只是临时性任务。在咨询公司做安装计量计价，打开最多的是CAD文件，但是很少修改CAD文件，只是查看和画线算量，更多是二维平面显示，价格在3500元左右就能满足使用要求。

初级造价员在施工单位的主要工作是计量，项目部环境较差，笔记本电脑更适合，外出对量和办公都用笔记本电脑，要综合考虑配置和价格因素，追求高性价比。在项目部，电脑使用寿命一般是3年，有些公司报销时长仅3年，价格超出公司规定就要自己承担超出部分。例如：联想的ThinkPad系列商务本就是首选，价格上公司可以接受，还附带3年全保修。

2. 中级造价员

工作4~7年的中级造价员，在咨询公司大多数已经参与管理，外出对量主要起到管控作用，更多使用计价软件，可以选择外观好看、14英寸的轻便商务笔记本，价格在4000元左右就已经很好了。假如想干私活，就要选择高性能笔记本，价格区间在5000~8000元，重要的是节省时间。经济条件好的可以选择10000元以上的高端配置，干私活时间紧任务重，一个好的工具可以提高产值，一个私活赚的钱就能买好几台笔记本了。

在施工单位的中级造价员大多数是项目商务经理，或者公司中层管理者。买笔记本要考虑在项目部还是在公司使用，在项目部使用，需要审核模型质量，应选择独立显卡和i5及以上处理器，价格在4500元以上，办公地点不固定，既要保证性能又要轻便。在公司使用，笔记本以应急为主，可以选择价格在4000元左右的，屏幕尺寸小，娱乐办公一体化，手触屏360度翻转，坐在咖啡厅等朋友时可打开使用一下，时尚又轻便。

3. 高级造价员

工作8年以上的高级造价员，无论在咨询公司、施工单位还是甲方，都是从事管理工作，对笔记本电脑的要求更具多样性。经济条件好的可以考虑将工作和生活分开，将办公文件存储到网盘中，即使休闲时也能打开浏览文件。

工作使用的笔记本可以选择商务本，以耐用为主，有相对固定的办公环境，不必为电脑维修发愁。可以选择联想、惠普、戴尔等大品牌，大品牌自带一些正版软件，价格在5000元左右。经济条件好的可以购买5年全保修，样式简约，功能精简，高端配置的。

各位同行，你现在用的是什么笔记本？从事的是什么工作？我想对大家说，笔记本电脑只是一个工具，目的是提高工作效率，适用才是第一选择。

2.2 这些"武器"你准备好了吗

使用造价软件是每个造价从业者必须掌握的技能。作为一个合格的造价员需要掌握哪些软件，是不是越多越好呢。我们先从这个问题开始说起。

对于这个问题，我的答案是NO！一方面我们没有那么多时间和精力去学习所有软件；另一方面，即使我们有空闲时间，学习一些不常用的软件也并不划算。我们应该将更多的时间用在造价理论知识及常用软件的学习上。既然不需要掌握所有软件，那么我们到底应该学习哪些软件呢。

作为一个合格的造价员应该掌握的软件有：广联达计量软件、地方性计价软件、OFFICE办公软件（或WPS办公软件）、CAD及CAD快速看图、五金手册等。广联达计量软件是使用率最高的计量软件，简单直观易操作，培训售后服务好，成为广大造价从业者的必备软件。除了土建计量软件、安装计量软件，还包括精装修、钢结构、市政等小专业计量软件。另外，随着市场需求变化，广联达计量软件也在不断更新产品功能，例如：装配式、施工段等功能。地方性计价软件是指每个省、市、地区在招投标时统一的计价软件，因定额由各地方编制，所以各地的计价软件也不同。OFFICE办公软件（或WPS办公软件）是职场人必须掌握的软件，往来函件要用到WORD，汇报工作要用到PPT，而作为造价从业者接触最多的是数据，处理数据要用到EXCEL，特别是EXCEL函数功能，大大提高了数据处理效率。CAD是设计图纸常用的软件，作为造价从业者不需要精通，掌握基本操作即可。因为造价从业者多数情况只是看图，而不是画图，因此，CAD快速看图应运而生。它操作简单，功能强大，特别是会员增值功能，个人建议有需要的造价从业者可以购买。五金手册是钢结构、安装管道计量时经常使用的软件，将五金手册书籍以软件的形式呈现，使用更加便捷。

土建专业最常用的图集是钢筋平法图集。钢筋平法图集是全国统一的钢筋设计规范，目前用的是16G101系列。钢筋平法图集经过这些年实际工程验证，经验数据积累，优化迭代更新，从00G101、03G101、11G101到16G101。16G101系列包括16G101-1（梁、板、柱、墙）、16G101-2（楼梯）、16G101-3（基础），以及17G101-11（对16G101系列进行解释）。

作为造价从业者，市场询价主要方式有电话询价、对标项目询价、平台询价等。电话询价适用于非国标成品材料、非常用材料等情况。对标项目询价要求对标项目的匹配度较高，业态、所在区域、定标时间、地产实力、甚至连地库层数都要相同或相似。平台询价因供应商多、材料种类多、时效性强、询价效率高等特点成为主要询价方式，受到甲方普遍认可。常用的询价平台有广材网（www.gldjc.com）、慧讯网（www.iccchina.com）、西本新干线（www.96369.net）、兰格网（www.lgmi.com）、我的钢铁网（www.mysteel.com）等。其中，广材网、慧讯网包括建材全部品类；而西本新干线、兰格网、我的钢铁网则是针对金属建材。

介绍完造价从业者的常用软件后，接下来，我们应该如何下载软件呢。广联达的所有软件都可以从 G+工作台上下载，登录网址 gws.glodon.com 下载 G+工作台，再从 G+工作台上下载需要的软件。下载时注意选择省份，区分电脑是 32 位还是 64 位。地方性计价软件在软件官网上下载。以天津地区为例，常用的计价软件是建经软件，登录网址 www.jjst.com.cn 下载即可。CAD 快速看图登录 cad.glodon.com 下载。图集该如何找呢，现在大多数图集需要付费下载，如果是使用频率低的图集，个人不建议大家下载，可以从百度文库、豆丁网上即用即看。另外，也可以在自己的造价圈里找。

说完了如何下载软件，在安装和使用过程中又有哪些注意事项呢。

切记所有的软件不要安装在系统盘上（通常是 C 盘）。系统盘空间不足将影响电脑运行速度。

所有工作文件不要放在桌面上，可以设置一个临时文件夹，并且做到一天一整理。一旦电脑出现问题（例如：开不了机），需要重新安装操作系统，桌面的文件将全部被格式化。

为了应对断电、死机、蓝屏、闪退等突发状况，需要养成及时保存的工作习惯，避免工作内容的丢失。

广联达把备份文件默认放在了 C 盘——文档——GrandSoft Projects 文件夹里，这些备份文件会占用大量空间，需要定期清理。

磨刀不误砍柴工，造价工具准备好了，就可以大展拳脚了。

2.3　我只要我以为，不要你觉得，半句话猜猜猜，业绩多好也只能无功而返

我们沟通得很好，并非决定于我们对事情述说得很好，而是决定于我们被了解得有多好——安得鲁 S. 葛洛夫。

沟通等于被了解。

1. 我只要我以为，我不要你以为

姐姐跟妹妹用微信联系第二天去看母亲，妹妹进行了回应；两人没有电话沟通，各自在自己频道行事，结果出了问题。

5 月 1 日，姐姐微信发来了一条消息："一起去看妈妈"，妹妹回答："等着吧，咱们一起过去。"期间又微信处理了其他几件事情。

两个人在微信里把时间都约在 5 月 3 日。因为每次去看老人，姐姐都搭车一起走，所以妹

妹提前了一个小时特意从家里出来绕了一大圈，把车开到了姐姐家楼下，让姐姐下楼一起走。

结果姐姐说："等着哈，我们一会儿开车走。"

妹妹听了生气地说："你早点说清楚啊，不需要我接你，又不提前说话，耽误我这么长的时间。今天的聚餐你请客，算作惩罚你！"

姐姐哑口无言，姐姐和妹妹各自开车到了母亲家。

餐桌上，姐姐很委屈地说："你看看你的微信，文字里边有哪句话说了让我等着你来接？"

妹妹说："往常不都是我接你吗？这还用问吗？不管，今天就是你的问题。"

姐姐要自己开车走，约时间的目的只是约好一起到母亲那里，而妹妹呢，因为之前都是相同情况，所以想当然以为是去接姐姐。再细看记录，确实没这个"接"的信息。

看，一件小事情看出来了，"沟通"——把话说明白的重要性。

"我只要我以为，我不要你以为"是不是很熟悉？很多人都习惯性的按照这句话去做，无论是日常，还是工作，尽管没有说在嘴上，但实际行动结果是一样的。

日常沟通和职场的很多矛盾可能都和这个"我以为""我觉得"相关。

我只要我以为，不要你以为，要改！

2. 微信沟通信息不畅，一定要杜绝"我觉得"

微信的功能很强大，能够节省人的很多时间，但是根据微信的语言去理解会造成信息沟通不畅，因为中国文字在理解力上是不相同的。

（1）一件很简单的事情，用微信沟通，每个人的理解都不一样，何不打通电话说清楚呢？

（2）我们在日常当中和同事以及领导的沟通，在微信的表达上是不是也容易引起各自的误会呢？直到最后发生矛盾了，才发现原来是个误会。而这个误会给大家带来的情绪不是误会那么简单，很多的隔阂就是这么产生的。

日常沟通中总认为自己说的话别人都懂，尤其是管理者为了高效，在微信群里去交代工作，自己把工作交代出去，以为大家都能按照自己的想法去做，结果发现完全不是一回事。

信息沟通不畅是因为"我觉得"。

3. 沟通不仅是指微信，还有其他，比如指令的下达

曾经有一位上级评价他的下级：工作能力很强，对企业也很忠诚，浑身上下都是优点，只有一个致命的缺点就是没有灵性，不适合当管理者，他只能干具体工作。

领导者眼里，这名下属不适合做管理的原因竟然是作为上级他从来不把话说明白。很多的管理者对下属不满意，究其原因，就是他只说了半句话，让下属去猜。

"富有灵性"的人会听得懂话外音，但是听不懂，就会按照相反方向去做或者是做不到位。

管理者认为他的下属能听懂他所说的每一句话，甚至一个眼神都可以理解到，包括话外

音，也能感悟到他的每一个意思，但是人和人是不一样的。

4. 业绩信息如何做到更加高效沟通？

做事情需要沟通，带团队更加需要，任何事情都是一样，既然做就做好，既然做好就要让别人知道。

（1）能当面沟通绝不用电话；能用电话则不用短信和微信。
（2）向上的沟通原则是要有方案和计划。
（3）随时跟进进度并及时多渠道反馈信息。
（4）工作节点情况多渠道反馈和沟通，尤其是自己和团队的业绩。
（5）工作结果越级汇报前提是出现越级指挥。

可以直接向最上级汇报，否则后悔晚矣。不要轻信不能越级汇报，自己分析，自己单位是不是存在有越级指挥，如果存在，越级汇报就是必然。

完全看企业的需要，把事情做好的同时，更重要的是让自己的成绩被看到，尤其是自己带领团队，更加需要这样做。

5. 根据所在企业文化选择自己的沟通方式

如果依然是"我觉得"，有可能自己的贡献全都变成了别人的，当你去说你的贡献的时候，别人给你的标签早就变成了炫耀，因为晚了，没人能了解。

标签不需要留给别人。

沟通的重要性在于，让别人知道你在做什么，怎么做，以及做得怎么样，高效做事并能有高额回报，才是对自己和团队负有的责任。

良好沟通的最终结果就是，不是说得有多好，而是被了解得有多好。

2.4 做好工作复盘，提升工作能力要做到这几点

所谓复盘原指股市休市后对当天的市场全貌进行静态观察，发现白天动态趋势下无法发现的问题并总结得失。

这里的复盘指的是我们在工作完成后，对前期工作的计划、实施、结果进行回顾，深入分析，总结经验和不足，对今后工作起到指导作用。

为什么要复盘？

用敷衍、得过且过的态度去工作，什么都是草草了事，工作完成就结束了，不对过程进行回顾，久而久之就忘记了深度工作。

量变引起质变绝对是真理，越是工作量大、重复性高，越需要事后复盘。有心人会把每一项工作当成促进自我成长的机会，周而复始。

缺少复盘，能力变得越来越弱。执行的过程就是学习的过程，一开始做事就要提前想到结果，不打无准备之仗，也不做无用之功。

事前、事中、事后的演练可以帮助我们提高工作效率。有些事前的布局和预估，往往对过程发展起到很好的作用，正如我所从事的商务经营全过程管理，无不体现这种作用。

复盘无论对于个人学习成长还是团队能力提升，都具有深远意义。对目标的设定能否做到拆解、及时纠偏、修正目标并且做到规范化，最终实现创新式学习。复盘的结果使得我们的能力变得更强。

关注目标、行动和最终收获（解决办法）。

作为一个实施人或者带头人，要对全过程做到全面把控，并提前做好预案。准备－执行－结果－分析－总结，每一个环节都要做到位。

个人复盘注意时间节点：日计划、周回顾、月提醒，并总结得失。

对于第一次接触的、有价值的或是预期不好的事情要做到事前有预案，大事、小事及时复盘，事后系统复盘，全面考虑得失。

企业团队复盘是多人协作，重点在于团队协同。

根据工作重点，在团队内部针对阶段性工作进行分析并解决，激发团队智慧，总结经验。

1. 设定可行的预期目标，并合理实施

团队中的工作分为重要工作、紧急工作和日常工作。目标的设定会根据阶段性工作性质来确定。紧急工作在团队工作中永远是第一位，在规定时间内必须完成。关注目标是什么？结果是否满意？执行过程中会遇到哪些问题？

2. 回顾

针对预期目标如何执行，效果如何，是否有困难，对结果是否满意，在预期目标一致的情况下大家执行过程中遇到了哪些问题，原因是什么，标准是否需要改变，以及如何解决困难等。

3. 结果对比、总结和归纳

核实结果数据，并与前期目标指标进行对比。

分析并找出差异点，总结经验，吸取教训。

以后遇到相同问题该如何规避？有哪些地方可以改进？最终归纳整理形成复盘总结。

作为商务团队，对于商务全过程管理，需要复盘的阶段包括招投标阶段、合同谈判阶段、工程施工阶段等；时间节点包括开竣工时间、重复进场时间、各部位施工时间、大事记等。自我剖析及解决办法是复盘的关键要点。做好复盘，提升个人能力，提高工作效率，整个团队的

能力也会加强，将引领团队走得更远。

2.5　交接工作千万不要这样做

　　李经理因为工作上的"失误"被老板开会无数次猛批，到了自己不能接受的底线，专业上被质疑愤而离开。但是没想到，他自己把离职变成了复仇，丧失了最初建立的好印象。

　　李经理工作一直兢兢业业，自己辛苦办理的招标投标结果被质疑，中标价格比老板亲自询价高出不少，开会被批评，心冷到了极点，不被信任的感觉驱使他愤然离开。

　　刚好当时单位招到一个接替者，说好的交接清楚就走，结果李经理直接甩手走人了。新来的王经理被整晕了，不知道应该做什么。

　　王经理从合同情况入手没错，但是不知道如何了解情况。各部门保护自己的业务，多一点儿也不配合。下属每天忙得像陀螺，并且也都是新人，一问三不知。

　　而偏偏这个单位每周一小会，每月一大会。每个参会人都要总结发言，并对各自团队发表工作计划。王经理水土不服，被会议折磨得够呛，转身走人，入职才不到一个月。

　　于是，离职的李经理被高薪请了回来。可是，没过两个月，又离职了！

　　分析一下，在一家单位工作未满一个月就离职，已经不是有没有定力的原因了，而是真的烦。

　　而新来的王经理，又一次被交接折磨。

　　离职的李经理，明明自己什么都清楚，偏偏就是不交接，给王经理制造麻烦，其实也是给自己的下属制造麻烦。王经理什么也不清楚，肯定会麻烦老员工，每个人都有很多事要解决，自然得不到老员工的尊重。

　　被请回的李经理没过多久又离职了。于是，接替他的人遭受了与王经理同样的境遇。交接？门都没有！他的上级眼瞅着业务乱成一锅粥又无可奈何。

　　莫非还想继续被请回吗？

　　任何时候都要记住，缺了谁地球照样转。李经理活生生把自己整成缺了他就不行的人，给原单位造成不可挽回的麻烦。

　　原单位请他回去，目的是请他延续之前的业务，等找到替换他的人，一样会让他走。

　　"离职看人品"一直以来是很多人比较认可的观点，原本以为只有原单位对不起员工，原来还有员工故意而为，交接体现人品看来是真的。

　　人品很重要，千万不要这样交接，不要让自己成为任何人的救世主，一个人没有自己想象的那么重要，做好自己就可以了。

第 3 章
造价人个人提升

3.1 下班后才是真正的较量

俗话说"人与人的差距从来不体现在工作的 8 个小时"。换句话说，人与人工作时的差距是有限的，都是完成领导交代的工作。即使岗位职责、工作内容不一样，也是日积月累的结果，不是产生差距的原因。真正产生差距的原因来自工作 8 小时之外，这种差距不是一星半点，而是一天一地的差别。

为什么这么说呢？举个例子：学生小王除了学习之外，读万卷书、行万里路、发掘自身兴趣、体验人生经历，一直做积极正向的积累；而小王的同学张三除了学习之外，就是玩手机、看电视、吃吃喝喝。起初看不出两个人有什么不同，但随着时间的迁移，差距已是天壤之别。即使十几年后两个人在同一家公司工作，未来的职业发展也会迥然不同。

也就是说，如果自己不想躺平，如何安排工作 8 小时之外的时间变得至关重要。有效利用时间就是在做熵减的过程。我们把剩余 16 个小时分为睡眠时间、消耗时间、自主时间三部分。接下来，如何利用时间更有价值呢？

1. 睡眠时间

首先，我们要小心睡眠负债。当一个人长期睡眠不足时，就会产生大量的睡眠负债，而睡眠负债和金钱负债还不一样，金钱负债通过挣钱还回去就好，而睡眠负债很可能偿还不了。因此，要保证每天有充足的睡眠时长，避免产生睡眠负债。

关于睡眠时长，每天要保证 8 小时，可因人而异，但差别不大。睡眠时长过长也不好，感受身体发出的信号，找到属于自己的运行节奏，形成有规律的生物钟。那么，在固定的睡眠时长下，该如何保证睡眠质量呢？

睡眠时间会影响睡眠质量。我们都会有这种感受，如果周末晚上睡得很晚，哪怕第二天白天多睡也感觉很疲惫，休息不过来，因为它破坏了生物钟，打乱了身体的睡眠记忆，使得人体这个精密的"仪器"变得紊乱。中医讲子时（晚上11点至凌晨1点）是肝胆工作的时间，而肝是造血、排毒的重要器官，如果没有特殊情况，11点之前必须进入睡眠。另外，中午适当休息有利于保证下午的工作状态，但睡眠时间不宜过长，以20~30分钟为宜，超过40分钟将进入深度睡眠，醒来后反而会有没睡醒的感觉。

有一种睡眠理论叫作"黄金90分钟"，它的意思是说整个睡眠质量是由前90分钟的睡眠质量决定的，如果在前90分钟尽早进入深度睡眠，就能保证良好的睡眠质量；相反，睡眠质量就会变得很糟糕。那么，如何快速进入深度睡眠呢？这里有两个重要扳机，一个是体温，一个是大脑。

睡眠时体温下降更有利于入睡。睡前洗澡对睡眠有帮助，当我们的身体从洗澡的高温状态恢复到常温状态时，体温下降产生困意，泡脚也是同一道理。另外，保证舒适的室温同样有利于睡眠，这个温度因人而异，以不出汗也不觉得冷为宜。

对于大脑，要避免睡前过于兴奋，尽量保证单调状态。有的人睡前喜欢刷短视频、看影视剧、打游戏、听相声，这些都会让大脑过于兴奋，短时间内难以平复下来。可以选择听听轻音乐，想象天空、海洋、森林、草原等画面，或者听一段外语，这些将有助于尽快入睡。

2. 必要的消耗时间

消耗时间是指每天必须花费的时间，例如：穿衣、洗漱、吃饭、通勤、家务等，这些加起来每天要花费4小时左右。对待这些事情，我们要本着"花小钱办大事"的原则，用尽量少的时间完成"规定动作"。其实，人类在进化过程中，为了生存需要，大脑一直采用最省力的原则处理问题，从而形成处理某件事情的肌肉记忆。穿衣方面，男士通常会选择同一款式的不同颜色。饮食方面，我们偶尔会精心准备丰盛的饭菜，用来增进感情，或者去饭店吃大餐，让生活富有仪式感。多数情况我们只做家常菜或者订外卖，很难想象如果每天精心准备饭菜需要消耗多大的意志力。每天我们会选择习惯的通勤方式和线路，甚至可以推算到分钟。另外，消耗时间还包括为了完成一件事所花费的准备和收尾时间，还包括两件事之间的碎片时间。这些时间无法用来完成一件事情，我们可以用来处理碎片化的事情，例如：回复消息、喝水等。

3. 自主时间

除了以上两部分，剩余4个小时才是可供我们支配的自主时间。看似时间不多，但真正用好这4个小时，将给我们带来巨大改变。

（1）学习专业技能。为企业创造价值是企业雇佣员工的唯一标准。从新人入门、到计量计价、再到项目管理，线上线下的课程可谓数不胜数。很多造价新人在选择课程时会有选择困难症，总想选择最好的课程，结果时间一长，攒了一堆课程，却迟迟没有开始，自始至终原地踏步。这方面可以多听听实战专家的建议，例如：按照识图—清单定额工程量计算规则—计量软件—施工工艺—计价理论—清单定额计价规则—计价软件的顺序，找到这样一套课程体系，学就完了，只有行动后面的一切才有可能。

（2）提升综合能力。将来如果有机会进入企业管理层成为企业高管，就要清楚企业经营和运营思路，知道如何利用有限资源（人员、时间、成本）完成企业目标，这些可以通过观察领导的行动去体会。如果有创业打算，需要尽早明白行业规则。多读史书，了解人性中的变与不变。另外，人力、财务、法务等方面也是创业者必备的知识。

（3）拓展人际交往圈。这里的拓展人际交往圈并不是漫无目的地参加各种活动、聚会，而是针对自己的知识、技能的圈层，创造更多弱链接的机会。比如：在小圈子里主动担任运营角色，不仅锻炼自己的沟通、组织、协调能力，还可以刷"存在感"，给人留下好的第一印象。这样，在你需要帮忙时，大家更愿意主动与你产生链接。另外，可以通过提升学历让自己的人脉圈整体提升一个层次。人际交往只能吸引同频率的人，并不能链接牛人，显然参加各种活动、聚会无法链接牛人。这里面有个悖论，大家都想结识牛人，如果按照这个想法，牛人想结识更牛的人，自然就不会花时间去结识更低层次的人，最终大家都是抱着结识牛人的目的来的，结识的都是和自己水平差不多的人。因此，个人不建议大家做无效社交，而是通过自身价值提升个人影响力，进而拓展人际交往圈。

（4）发掘"马拉松"兴趣。"马拉松"兴趣是指能够长时间带来叠加效应的爱好，这些爱好可以持续下去。找到自己的"马拉松"兴趣，或许还可以成就一番事业。

（5）生活中的小确幸。为家人精心准备的美食，朋友之间的聚会，陪伴孩子的亲子时光，和爱人来一场说走就走的旅行，我们应该努力创造生活中的小确幸，为生活增添靓丽的色彩。

工作 8 小时之外有多少时间不是最重要的，重要的是为提升自己、为美好生活付出行动，时间少就少做一些，把眼光放长远，时间会说明一切。

3.2　造价知识技能的四个维度

检验工程造价人员知识技能应考虑四个度，即精度、跨度、广度、深度，可以用点、线、面、块的大小来形容四个度。

精度是一个知识点，学习一个点的内容要精。精通钢结构计量、精通钢筋计量，这就是一个精度知识点的表现，或者把某期的地区定额背诵精通，这也是精度的表现。某人在一个工作小组内的能力很好，可到整个企业中也突显不出能力强，这说明一个点的知识是有限的。

跨度是一个系统知识，学习一套系统知识内容要丰富。土建专业和安装专业精通，这就是跨度知识的表现，通常说的跨专业学习，有些人把地区的定额研究精通就是专业能力较强的。跨度是一条线，是由很多点组成的。

广度是一个知识面，知识层面都很精通是很难做到的。比如全能的一个造价人才，要会定额、懂签证变更与索赔、了解招标投标业务等，这就是知识层面提升，往往在整体层面很多人做得还不够好，因为某个知识点精度不够。有些企业把这类人才作为企业的技术支柱，技术难点都由这些人去处理。这些人是尖端人才，有时在一个研讨会上各企业争论，多次争论能力也不分高下，直至讨论到晚餐结束。

深度是一个行业的知识，这是一个块的知识内容，了解甲乙双方全过程造价服务这才是有深度的。到一定深度会感觉自己学到的知识像是大海中的一滴水，每个点位上都需要精确的知识而自己又无力再去学习。有些人绕了两年不懂营改增，不懂某项施工工艺，这都是行业的知识面不够导致的。块，不但需要对本专业内容的了解，还需要了解专业之外的知识。

前几天经朋友介绍认识了一个"全能"人才，在甲方、施工方、咨询公司、监理公司、设计公司等企业都工作过，做过工业建筑、房建、市政，跨度很长，知识层面也很广，可聊到深度的时候聊得出口的精准知识很少。工作流程和施工工序都了解，具体怎么实施下去合理，这是较难的知识。

怎么才能掌握好这个四度呢？怎么去发展自己呢？

1. 从基层做起，每个点都要学扎实精通

造价本身与数字打交道是枯燥的，因为精度不够，哪个企业都不会需要在空中飘着的"人才"，先保证自己生存再考虑发展。我认识一个钢筋计量的专家，每天的工作只有计算钢筋量，企业一年大概有80万平方米的工作量由他一个人计量。看看新闻聊聊八卦，他每天过着悠闲的生活，月薪2万元，知足、快乐，这份固定工作很好，学好一门技术做精做细，也是一种生活方式。

有些刚毕业的学生总想着跳到甲方工作，感觉甲方又轻松又有发言权，其实甲方更累。换个环境寻找自己学习的机会是可以理解的，但是总想着怎么才能过着舒服就错了，甲方工作强度与施工方和咨询公司相比还是强度大很多。在甲方，也只有把基层工作做好才有机会发展到中层，甲方的基层就是管理岗位，计量套价的工作外包给咨询公司，适合新手的岗位还真是缺少。

2. 从管理层做起，跨度大一点儿能学到很多知识

工程造价行业每天都在变化，学到的知识都在不断更新，要抓住造价的核心，不断总结出自己的一套经验，然后去管理自己的团队。从精通各专业和了解市场信息开始，不断接近市场才会管理更好，只要把每个点做精，跨度越大经验越丰富。企业往往会选择一个精通各专业的

人做基层的领导，把控一条流水线的技术工作。

对于一个上班族来说，在一个精度点位或跨度段内有很好的技术是不愁饭吃的。一个流水线是需要实干起来的，流水线上的日常管理对企业也是重要的。去年咨询公司的张老师讲"现在的年轻人工作五年就发展到了瓶颈，有工作结婚后过上了安逸的生活拼劲就少了"。除了眼前的苟且还有诗和远方，何不去尝试一下呢？

3. 发展知识面，不但学习造价还要学习成本

当前施工企业应聘的第一句话是你工作几年了，第二句话就是你会不会成本，因为企业需要的是以实战经验做出成效的人才。在2010年以前，民营企业的老总带着商务经理全国各地承接工程，可现在老总只需带一个成本经理去了解市场，因为介绍商务经理多"牛"给甲方听，会让对方感觉碰上个"牛"的对手而不舒服。

目前许多房地产交易都采用清单模式，招标投标用的是填表格报价，对于商务经理更是一种考验，传统定额组成的价格用不上了，必须按照成本经营路线走下去，知识面宽了做成本就很轻松。在甲方工作也必须会成本，各部门协调也是工作重要的部分，没有丰富的知识储备会很难做。

4. 了解市场，知识接近市场才实用

人们总说书呆子考证考傻了，书本上的知识是有用但实际操作中变化万千，要接近市场才可行。2005年之前，套定额精准就是预算高手，而现在定额计价的办法适用范围缩小了很多，房地产企业自己搞内部清单模式，工业建筑也开始使用清单模式计价，定额计价反而限制了自由交易。

很多咨询公司都可以做可行性研究报告，但目前也只有一些国资项目做一下，真正的使用性如何没人能保证。房建企业还都是自己做可行性研究报告，因为企业要接近市场，关键的风险要自己把控，可行性研究报告最终决定了售房价格和成交量。

3.3 成为造价高手要具备什么条件

工程造价专业是以经济学、管理学、土木工程为理论基础，从建筑工程管理专业上发展起来的新兴学科。

工程造价在2001年前多数是农民工做的工作，现在变成建筑行业大学生热门工作。造价是个综合能力比较强的专业，毕业仅仅3~5年，再高的天赋也离造价高手很远，只有把各方面的知识积累起来才可能成为造价高手。

1. 需要懂计算机，工程量计算软件操作

造价专业毕业后首先要学习识图和工程量计算，这是必过的关。

计算工程量是最基本的岗位需要，这也是学习中最浪费人力的岗位。在计算机上操作软件熟练后，才能逐步转向计价定额的工作。

如今国内首款造价机器人"小青"出现，一幢3.2万平方米的民用建筑，在前期施工图纸进行适当人工处理后，"小青"仅用55分钟，就完成了专业人员在常规计算机软件辅助下需要128小时才能完成的建模工作。随后的造价工作，从二维图纸变成三维模型交给机器人处理就可实现，代替了大量人力。这样初级造价工作的重心，就由计量转变成了计价。

2. 需要精通施工工艺，套定额时才不会缺项漏项

造价专业毕业以后，大多数人去的是造价咨询单位，主要原因是自己能赚到钱还不用到工地风吹日晒。可即便度过了计量阶段，对计价套定额总是缺项漏项，特别是装饰装修工程的分层做法，不知道要套多少项才正确，这是对施工工艺不熟悉造成的。

有的人做了五年造价工作，却还是对建筑施工陌生。如泵送混凝土地泵与象泵的摊铺作业，什么情况下使用地泵，什么情况下使用象泵，这是最难套的定额。而文明施工费中包括哪些内容，如果你没驻过施工现场，是很难明白的。

所以毕业后，一定要去施工现场一线工作三年，至少了解一个项目从开工到竣工的整体施工工艺。这样才能给将来的发展打下基础，以后的业务能力才会更强。

3. 需要工程设计知识，有工程力学方面的知识才会做好钢筋抽样等工作

造价不只是计量计价那么简单，设计专业的知识多少也要懂点。比如结构力学中框架柱的轴心受压和偏心受压，钢筋偏心受压侧锚固发生变化就会影响到工程量，计量软件是一个工具，虽然智能，但并不是一切问题都要靠软件解决。比如安装专业的通风工程，有流体力学知识才能更准确地了解各构件的作用，就算设计图纸中有未明确的标识，也不至于漏算工程量。

有的人把工作仅仅当作一项任务去完成，没有认真套准定额，也有的人说现在使用清单计价后，定额作用很小了，但大多数人还在使用清单下的定额计价模式。做控制价和投标报价都要用上定额，不够准确的运用定额做出来的成果是比较差的。所以，知识全面才能提高自己的业务水平。

4. 需要财务会计方面的知识，增值税抵扣方面和核算都要用到

造价人员虽然不需要完全懂财务知识，但涉及税务抵扣和成本核算方面的知识还需找财务请教。比如有人问除税定额计价，为什么定额还要含税9%呢？其实除税是除掉材料税，并非是除去企业缴税，要是不懂财务知识，这些问题理解起来就费力。比如成本核算方面的知识，以单位核算，还是以项目核算，必须与财务统一口径才能进行。

很显然，在"干"的阶段用到的知识量很少，到"算"的阶段则需用到这些知识了，造价的中级水平就要考虑全面，涉及的知识面变宽。

5. 需要法律知识，工程合同和工程索赔都要用到法律方面的知识

大型施工企业，包括一些中型施工企业，都会单独设立法务部和合同部，造价部门虽然与法务部和合同部不同，但做工程管理工作就要涉及合同和索赔。

中级造价水平的人，会把工程造价理解成计量计价和造价管理两部分，也就是"干"和"管"两方面同时学习。一份合同要每个管理者审批，从各个角度去考虑涉及的问题。当然，从造价角度也要考虑以后是总价包干合同还是分项包干合同，材料价格是敞口还是闭口的等。一份索赔报告需要从事实的角度考虑，还要学习一些法律知识，如遇争议可采取诉讼或者仲裁进行解决。

6. 需要心理学知识，项目分包结算谈判要了解心理学知识

好多人认为，施工单位的分包人不讲理，总想多结账，这时你就要多了解心理方面的知识，可以巧妙地帮你处理结算。

心理作用往往影响到全局。比如分包人故意把分包结算价格报高，这时你要站在他的立场上为他说话，让分包人把报价组成列项汇总，再细化分部汇总。分包人往往在工程量计算方面多报，自己报的量自己再拿回去汇总结果，这样分项量对应不了总量他会自动承认错误，结算很顺利。一些项目的预算人员往往是死抠工程量，因为一点图纸设计问题就抠死在这一点上，双方各不相让会增加数倍的核对工作时间。

7. 需要工商管理知识，做好企业成本运营管理要用到很多知识

造价的高级水平，须具备工程造价知识和工商管理知识，也就是所谓的"管"与"谋"相结合。工商管理知识要运用到企业的成本运营，成本管理包括成本预测、成本决策、成本计划、成本核算、成本控制、成本分析、成本考核等职能。

当前的建筑市场造价人员很多，月薪一万就能招聘到成手，但企业欠缺的是成本控制能力，这个岗位年薪30万都招不到中意的员工。一些小规模的施工企业，老板很想招到成本管理人员，但成本管理这个岗位具体都有哪些职责？这些小企业也不清楚。这就形成"千里马常有，而伯乐不常有"的怪现象。

8. 需要懂得历史学甚至考古学，仿古建筑工程需要了解专业构件名词

造价知识是全面的，各类知识都需要具备。

工程定额的专业较多，特别是仿古建筑的工程，古建筑知识少的人，套用定额无从下手，构件分类不清，计算时按个还是按立方还是按照平方米，感觉这都是一个难题。比如门口设计了石抱鼓，定额子目是有的，可很多人把定额全部做补项。还有垂花门和垂莲柱，不懂古建筑

怎么去了解这些名词。厅廊、穿堂门、望板、博风板、牌坊等名词，如果不去研究古建筑，理解这些构件很困难，计算工程量也是很大的难题。

9. 需要了解销售方面的知识，地产成本要和销售部门紧密配合

造价人员还应该了解销售方面的知识，在房地产做成本的人员与销售部门配合也是应该了解的。

做成本敏感分析涉及销售方面的知识，须了解为什么外立面方案定下来又要改变，改变后有什么作用。前期做了多种户型方案，这些方案哪种销售需求量大，定方案时成本人员也要考虑成本的。

10. 总结

工程造价就是一个大杂烩，并不是学会了两道考试题就是造价高手。在工作实践中不断学习不断进步，既得刻苦学习还得有奋斗不止的精神才能成为造价高手。造价人员把成本、思维以及各方面知识都学习了，必定是行内能力最强的，工资翻倍那是必须的。

3.4　造价小白要学会搭建自己的知识结构

造价小白，要学会搭建自己的知识结构，全面系统地吸收各方面的业务知识，达到熟练掌握。

1. 需要掌握哪些知识，至少知道专业框架是怎样的

拿市政工程造价来说，需要掌握一些基础知识。首先要知道市政工程包括哪些内容。市政基础设施包括道路工程、桥梁工程、雨水工程、污水工程、给水工程、再生水工程、热力工程、燃气工程等。市政综合管线包括很多专业，每个专业都有各自的特点和知识。

2. 搭建知识框架结构

作为商务人员，要有知识框架结构。经过招投标阶段中标的总承包项目，所增加的费用，是不能突破的。这个金额包括合同范围内所有的专业工程。作为总包单位，要核对自己的工程量，以及自己实施范围内的工程量计算准确，核算出工程总价，根据工程总价在图纸上的设计变更，根据现场核算出来的，增加的或减少的工作量完整地合到一起，再把各个专业组织在一起，以测算这个项目的最终结算价预估是多少。

3. 有意识培养自己的商务策划能力

几乎所有项目都有上限，因此作为高级商务人员，要具备商务策划的能力，不仅要把所负责的实施范围做出来，还要核算各个专业具体的量，目的是为将来测算总体结算价做商务纠偏。以市政专业来说，知识面要比土建类大很多，各个专业都要涉及，很多从事市政工程的造价从业者说市政面窄不好找工作，转而辞职学土建要从零点去当小白。

4. 遇到知识瓶颈需要静心梳理

无论什么专业，个人掌握的知识都呈螺旋式上升的态势，学无止境。当你发觉已经没有什么可学的时候，就是遇到知识瓶颈了，也是需要静心梳理的时候。如果只抓皮毛，东一榔头西一棒子，最后什么也得不到，没有积累哪里来的灵活应用。

一个造价人员的基础工作，就是要学会在框架的基础上如何更快更好地掌握计算方法和商务经营。

3.5 造价私活一定要接吗

在造价行业工作一段时间后，或多或少都会接到私活。现在每个人都想通过"副业赚钱"，很多人会把私活当成副业的重要途径，上班摸鱼下班干私活，这种现象在一些小公司里很常见，有人赚得盆满钵满，有人搞得狼狈不堪。那么，造价行业的私活有哪些种类，我们应该如何选择私活，接私活有哪些步骤、原则及注意事项，我们又该如何平衡工作、私活、生活、个人成长之间的关系呢？

造价行业的私活主要有依托于计量的招标与重计量，还有依托于项目管理的全过程造价管理。前者主要针对咨询公司和施工单位的业务，服务周期短，需要集中时间核对；后者主要是施工单位的业务，服务周期长，需要定期去施工现场了解项目进展情况。

对于私活，我们应该秉承什么态度，是所有的私活照单全收，还是从中有所选择呢？我的个人建议是：第一，看个人的经济情况，如果急需钱作日常开销，而接私活的每小时收入大于其他副业的收入（比如：跑滴滴），那能接多少就接多少。第二，如果个人的经济情况尚可，不想占用全部个人时间，就选择周期短、费用高、回款快的私活（为了维护长期客户关系，有些不划算的私活照常接）。第三，如果其他副业每小时收入大于私活的收入，或者虽然暂时低于私活收入，但可以看到长期增长性，就不要接私活了。第四，如果接私活花费的时间影响到你的学习、生活，而这些学习和生活对于你而言具有更大的价值，就主动少接私活。

如果决定开始接私活，那么，接私活的步骤是怎样的。第一，培养自己具备交付成果的能力，否则一切就无从谈起。清楚自己可以接什么类型的私活，对于可以接的要保证成果质量和时效性，由于能力不足暂时无法接的，需尽快提高自己的专业能力。依靠专业度让别人给你介绍私活，再依靠口碑让别人持续给你介绍私活。第二，经常与造价圈的朋友、同事保持联络，让他们知道自己接私活的意愿。第三，有私活时，依据交付时间、工作内容、工作量给出报价及付款条件。私活大都是朋友之间的口头承诺，诚信就显得格外重要，只要出现一次违反诚信的事情，以后肯定没有合作机会了。一旦双方约定好，就不能反悔。第四，实施过程中及时与委托人沟通，针对资料中存在的问题及细节要求做进一步确认。第五，按照委托人要求的时间和质量交付成果。第六，委托人按照承诺予以付款。

接私活过程中有哪些原则和注意事项呢。第一，设置收费门槛。我个人不提倡开始免费或者低价打口碑，不管什么活都接，委托人提出无理要求都无条件配合的行为，这些都为以后埋下了隐患。第二，设置付款条件。很多人只关注费用，很少关注付款条件，或者出于第一次合作、朋友介绍等原因，羞于谈付款条件。其实，付款条件既是对自己利益的保护，同时又能体现专业性。第三，交付过程中可以先交付汇总表，待对方付款后，再提交明细表、计算底稿等，这种方式是对双方利益的保护。第四，如果中间有介绍人，别忘了给介绍人一定的好处。会做人会做事，下次一定还会给你介绍私活。

我们该如何平衡工作、私活、生活、个人成长之间的关系呢？对于这个问题，可谓仁者见仁智者见智，每个人在不同阶段的想法都会不一样。我目前的看法是：私活不要影响工作，工作不要影响个人成长，个人成长不要影响生活。工作上职位的晋升远大于私活带来的收入，且持续性要好。个人成长所带来的延展性大于工作中单点定向输出。无论私活、工作、还是个人成长，最终都要回归生活，那些经历只是生活中的一个个片段。

还记得自己上一次做私活是什么时候、什么情景吗？或许已经记不清了，模糊记得那是一个又一个的挑灯夜战。当什么时候我们不再需要接私活时，生活将会是另一番场景。

第 4 章
求职与职业规划

4.1 一个萝卜一个坑，挪不挪看坑也看萝卜

跳槽是每个职场人躲不开的话题。今年年初，某招聘平台显示：在过去 5 年里，中国 35 岁以下白领的平均跳槽周期从 23 个月逐渐降低到 20 个月，跳槽变得越来越频繁。从行业上看，处于上升期的行业跳槽更加频繁。地产行业在上升期经历过快扩招，对人才的需求量巨大。随着行业从黄金时代到白银时代，地产公司走向精细化管理，招聘也从"海选人才"转为"定向人才"，造价从业者对待跳槽逐渐回归理性，与之前为了升职加薪盲目跳槽相比，如今跳槽更多是为了找到适合自己的公司。

从年龄上看，工作 5 年以下的造价从业者跳槽相对频繁，工作 5~10 年开始呈现分化，工作 10 年以上则趋于稳定。

那么，跳槽分为哪几种情况呢。跳槽按提出对象不同分为主动跳槽和被动跳槽。这里所说的被动跳槽是指因个人原因被公司辞退，或因公司经营不善导致破产等。除此之外，大多数情况为主动跳槽。造价从业者有哪些跳槽原因呢。第一种原因——收入。提高收入依然是跳槽最直接的原因之一。大多数公司倾向于内部提拔人才，因此，为了提高收入选择跳槽，更多是工作 5 年以下的造价从业者。这些人因为生活所迫，急需提高收入，获得"稳定感"，从而被这座城市所接纳。第二种原因——公司晋升通道+个人发展空间。工作 5~10 年的造价从业者遇到职业发展瓶颈，希望通过改变外部环境，获得一份可持续发展的工作或事业。第三种原因——工作轻松+离家近+有属于自己的时间。工作 10 年以上的造价从业者需要平衡事业、家庭、自我三者之间的关系。第四种原因——人际关系简单+良好的企业文化。90 后、00 后有自己的个性，对待工作的态度不仅为了收入，还要干得开心。这也是现代企业极力想打造的"工作环境"。第三产业特别是服务业的快速发展，需要"以人为本"，只有这样，才能激发员工创造具有创新力的产品和服务。企业组织必然从金字塔结构向扁平化结构转变。

了解跳槽的主要原因后，对于跳槽我们又该把握哪些原则呢。

首先，我们先要分析所谓的跳槽原因是企业问题还是自身问题，再决定是否跳槽。刚工作的年轻人容易受情绪波动影响，一件小事就可能引发跳槽的想法，甚至放大公司的缺点，而小事本身不应该成为我们跳槽的理由，每个公司都有优缺点，客观理性的分析很重要。有些问题看似是企业问题，其实是自身问题。例如：公司不给加薪，是企业为了控制用人成本，还是自己的专业水平没有显著提升，无法给企业创造更多价值。公司不给提拔，是企业现阶段没有新增管理岗位的需要，还是自己不具备管理能力，无法胜任该职位。如果这些问题没有搞清楚，把原本属于自身的问题，归结于企业的问题，就会把老问题带到新公司去，从而进入下一个循环。如果确实是自身问题，正确的做法是想办法解决问题。是专业的问题就提高专业能力，是沟通的问题就学习如何沟通，是管理的问题就学习如何管理。另外，我们要分析目前自己的真实需求是什么，如果企业确实无法满足自身需求，再考虑跳槽。每个阶段的需求可能不同，切记不要贪多。

兼顾短期和长期目标。跳槽很重要的目的是通过达到短期目标满足现阶段需求。但同时你要知道自己的长期目标是什么，在新公司是否有实现或接近的可能，这一点在跳槽时需要考虑进去。正所谓条条大路通罗马，但罗马在什么地方我们要知道。

留出属于自己的时间，用来深度学习或工作，提高自身的反脆弱性。除非你确信可以通关这个游戏，否则在这个不确定的时代，有危机意识肯定不会错。多数企业依靠加班创造价值，占用学习时间，造成员工内卷，逐步降低用工成本。少数企业则通过提高员工待遇，提升员工能力创造更多价值，带来企业利润。建筑行业的头部资源非常集中，创业的人少之又少。对于大多数造价从业者来讲，要么深度工作，玩好这个游戏；要么深度学习，找到新的赛道。前提是要有属于自己的时间，只有这样才不会在行业的车轮滚滚中迷失自我。

4.2　造价从业者跳槽如何选择公司

树挪死人挪活，不断跳槽使自己更有潜力和发展空间。自从毕业的那天起，踏在找工作的路上，就对新的工作充满无限期望。新的职场是施展才华的地方，是否值得跳槽？是否有更好的机会发展自己？许多从事造价的朋友很迷茫。

跳槽并不是简单地换换环境，感觉新鲜心情，这是要长期工作的地方。新到一个工作单位，要接任遗留下来的工作，领导要在一个月内能力考核，试用期1~2个月时间会比原来忙得多，试用期工资较低，还要担心试用期被辞退后找不到工作的风险。

跳槽找工作会有新机遇和新挑战，而在原来的工作单位上班会更平淡、稳定、踏实，各有各的好处，两者选择很难。我从业20年来相对了解一些职场的游戏，今天给大家分享！

1. 工作的基本工资加奖金

工作得到回报是首要考虑的内容，是每个造价者价值的直观体现，也是我们从业的基本保障，工资少时领导画什么"大饼"都顶不了饥饿。关于奖金问题，根据企业性质不同可以考虑接受方式。

基本工资一般都是按月发放，有些企业每月按80%发放，年底结清，也有施工单位的个体老板按年发工资，压着拖欠到年底才能发到手。对于每月基本工资发放不足的单位我们也不要歧视，毕竟小公司都有难处，自己有能力早就跑到大单位去了，自己知足是关键。

奖金是每个企业给员工设立的绩效考核标准，一般是工资的10%左右，有的企业采用年底随工资一起发放的方式，也有个体老板要等到过完节又上班才发。奖金是对自己工作的一种肯定，拿到奖金说明单位要留住你，认可你认真工作的态度。造价咨询单位把奖金设得很高，但是每天都很累，也有的单位把绩效奖金另设为提成，干的活越多拿的提成越多，这样干下去，每天都有加不完的班，否则你会比同事少拿很多钱。

聊到工资多少，如今信息化发达，企业招人渠道广，想要碰运气跳槽太难，拼自己实力才是以后长远发展之道。面试谈高工资，过一段被老板炒掉了，不是招聘季节找工作难度大，这样对自己损失大。造价从业者，前几年都是辛苦活，每天电脑前操作都是8小时以上，到工作5年后，操作工变成了管理员，这样相对轻松工资还高，所以，能不跳槽就不跳槽，增加领导对自己的信任比碰运气划得来。

2. 生活也是从业的一部分

工作和生活是分不开的。毕业以后面试到施工单位，基本上都在施工现场，住在活动板房吃大锅饭，背上行囊四处跑工地，身不累心却累，找工作时一听是施工单位就害怕。也有造价人排斥去施工单位，觉得去甲方相对工作轻松。

甲方、咨询公司、施工单位，主要是考虑生活的部分，所处环境不同后面的执业路线就不同。房地产行业趋势不太了解，施工单位生活条件又差，咨询公司上班累，挑来挑去难决定。你选择企业，其实企业也在选择你，因为这时候你还没有人生目标，四处飘着没有落脚地，干一行爱一行，总有出头之日。

施工单位是一个较宽泛的工作岗位，市场任何波动都必须有施工建造，工作多年以后可以选择生活条件好点的单位，从施工项目升职到企业的办公室工作，也不用风餐露宿的生活了，工资高生活条件就好起来了。心里迈不过施工单位这个坎，委曲求全地挤到咨询公司上班，而甲方一般都是招有能力有经验的人，自身条件达不到，所以只能在施工单位或咨询公司之间选择。

学历是一个硬指标，大的甲方单位都考虑招名牌大学的优秀生，自己条件达到可以考虑，选择机会多。但是要考虑甲方提供的岗位是什么，跟造价有没有关系，是否有利于自己的发展。甲方的工作有长期性，选择了甲方岗位再换难度会比较大，要考虑未来的市场变化，5年以后市场是什么样子，一定要有自己的规划。

3. 工作中的和气与部门团结

理科生处理人际关系较难，常有在公司受气而离职的，别人干活轻松拿的工资高，心里不平衡。不干活的人得到领导奖赏，自己辛辛苦苦还被批评。

公司和气、部门和气、同事和气，都是由企业文化决定的，面试时要多沟通了解一下。比如在面试时可以跟面试人员咨询一下工作状况、任务分配、工作强度，要适合自己。上班后，仅需几天就可以体会到公司的和气，不适合自己可以离开，避免长期受气影响工作。

部门团结与公司和气相差不大，主要是其他部门的配合工作。比如在施工单位需要采购部门数据，采购部门不支持，工作就难进展。上级考核没有通过，因为别的部门不配合，这样扣工资让每天的心情更差。每个企业都有差异，工作经验丰富的造价人，要在面试时提问这样的问题，了解企业情况，把自己跳槽风险降到最低。

4. 成长发展和人脉关系

进入工作单位能使自己快速成长，甚至上班2年就会超过同期毕业的同学，5年的成长发展就可以坐到管理层的位子上。获得一份薪水的同时，公司还给你提供了锻炼成长的平台和机会，增值部分可考虑是工作单位的一个很好的优势。

有师傅带上手很快，每天重复劳动的减少，可以快速提升自己。入职时，期望有个老手师傅带着，但是多数企业都是应聘时说有师傅带，到工作中却没人指点，各忙各的事情，根本不能抽空学习。这种情况多数是咨询单位，老手和新手都忙着加班工作，只有单位招人难的时候可以培养新手。所以，入职前要考虑工作单位是否有这种情况，给自己一个入职分析加分项。

对于刚毕业的造价者来说，人脉关系是一种负担，只要干好眼前的工作就可以，但是工作几年后，人脉是可以帮助到自己的。在工作中接触到的人可以给自己更好的发展空间，人脉就是你5年以后的一笔财富，当时可能没有什么作用，以后却会成为你成长攀升的梯子。

每个工作单位都可挖掘出人脉关系，只要认真寻找都可以发现。如果经常跳槽，则守不住人脉，别人看你在单位待不住，自然就远离你了，所以在跳槽之前，要考虑这个因素。

5. 工作中的安逸和自由

多数造价人经验丰富，年龄大了总想找一份安逸的工作，不想跳槽的原因就是安于现状，舒服且有安全感。而有的单位，在项目亏损或者没有赚到钱以后，造价人害怕自己工资有影响，选择跳槽离开，没有安全感，每天过得都不踏实。

安逸不等于懒惰，人的天性就是寻找新鲜事物。常在一个单位上班，感觉不到外部变化，如果工作单位突然变化，自己在市场上则不容易找到合适的工作。所以，懒惰使得自己工作资源减少，离开造价行业也没有更合适的工作。

而上下班打卡的生活，感觉自己就像一台机器人，没有自由时间，非节假日去办理生活中必要的事情要扣双倍工资。单身世界没什么感觉，但成家以后，时间死板、生活受限、倒班困难是非常难受的情况。

上班时间相对自由的，就是去施工现场工作，工作任务节点可以按周或月考核，上班打卡情况可以让领导批准或补签。有些造价者在施工现场工作久了，就很难适应按点打卡的工作，所以，应聘时要考虑工作的自由度，让自己的生活与工作更轻松。

6. 各个因素如何考虑

基本工资和生活情况要考虑的因素占多数，其次要考虑工作中的和气与部门团结，还要考虑自己的成长发展和人脉关系，最后考虑工作中的安逸和自由。

因为工资是生存的保障，生活是生命的一部分，在好的环境下工作是我们渴求的事情，如果发展前途是理想的，安逸和自由可以按自己的条件选择。

我们可以通过一个权重比例计算这八个因素，看应聘的单位是否与自己契合。在两个应聘单位间选择，如果陷入两难时，可综合考虑各个因素，为自己的目标工作导航。

计算如下（参考建议）：

（工资×30% + 生活条件×30% + 和气团结×15% + 成长人脉×15% + 安逸自由×10%）= 理想工作单位

根据自身情况可以做正确的分析，如果面试多家单位，可以综合分析，调整各比例情况。

4.3 造价从业者求职时如何包装自己

网上购物看到图片很漂亮，下单买到后包装很精美，拆开包装以后感觉货物其实一般般，这就是包装的魅力。我们做造价到新单位应聘也同样需要包装，没有包装就谈不了高工资，没有包装就减少了去好单位的机会，甚至不把自己包装漂亮会处处碰壁。

如何把自己包装漂亮呢？

包装漂亮自己，首先要看对方是什么要求。假如你买一份水果送别人，你最先看到的是一个精美的水果篮；假如你买水果给自己吃，你注重的是水果质量，选择一个简单的袋子装起来就好了。不同场合里，包装自己的方式也不同。今天聊的是新单位应聘，那么新单位是新环境，双方都没有相互了解，只有先花点功夫包装一下自己，高工资谈定了，上班以后你的能力不比同岗位的同事差，你就赚了。

包装自己要从学历、技能、证书、诀窍、关系、业绩等方面，围绕着岗位需求展开考虑，根据市场大环境和所应聘企业的环境考虑，然后做相应的工作进行包装。

1. 学历是为应聘企业做准备的

第一学历是多数企业要求的硬指标，简历中写的学历是大专毕业，如果应聘要求是本科，那你的简历分数就降低了一半。多数人一边工作一边考研，就是想把自己打造成一个到每个企业都能达标的高水平人才。今天的建筑市场岗位竞争大，有了高学历，你应聘的单位就好，工资和各项待遇就高。

高学历选甲方，低学历选施工单位或咨询公司，因为企业看重的是工作能力，你的技能水平高，学历可能会降低要求。还有一些大型的管理公司，要求高学历，做第三方管理的服务商是非常注重学历要求的，因为学历代表着团队的管理水平。

学历需要抽时间去学习和提升，如今建筑市场的发展已经成为正规化管理，有许多房地产市场注重的是经验，施工企业也特别注重经验。干了几年造价的人都知道，造价这个门槛并不是很高，难度是工程管理，是经验的积累。所以大家不要纠结于学历，花全部精力投入考试是不值得的。

2. 技能是一块硬包装

技能水平的高低直接影响到应聘时的成败，比如在最终面试的关口，你回答出来主管领导问的那几个问题就过关了。可是同样的问题，参加面试的多人都答出来了怎么办？你回答错一个问题怎么办？同一个问题没有标准答案怎么办？这些都是要有准备的。

主管领导问的问题只是片面的知识，实际上是想判断你的能力如何，你不妨可以发起进攻方式。例如你曾经编写过一本畅销的造价书，你这一项就是加分项，也就打消了主管领导犹豫不定的念头，或者你曾经编写的文章在造价圈内被广泛阅读，再者你为知名企业提供过知识内容，这些都可以增加主管领导对你的评分。

如今的网络很发达，不像十年前靠的只能是听你说。现在当面聊的时候主管领导仅需几句话，在网上搜索一下就知道了，可以立即做出选择。例如：我的爱好是总结知识，曾经与广联达有过合作产出知识内容；我在百度知道解答问题是 10000 积分；我写过的文章被某知名期刊收录。

技能是绕不过的门槛，在同行竞争者面前你有优势就可以优先录取，每个企业都是以技能为主要项要求，从而发起进攻方式，得到进驻好单位的机会。付出一些时间让造价圈承认你的成果，其实并不是很难，除了有额外收益，还有品质的提升，比起干私活要有收益价值。

3. 证书也是一块敲门砖

比起学历和技能，证书对应聘时的作用有些弱，因为每个企业都不缺少证书，即使没有做造价工作的人也能考取造价师证，比如有的项目资料员也都考过了造价师证书。同岗位同行业之间这是标准配置，应聘条件必有的就是证书。

对于刚毕业的你来说这是一个门槛，要花时间去考试，但不要急，如今不是挂靠那个时期，农民工都是实名制管理，还想挂靠的事就很难了。先踏实努力地工作，总会考下来的。造价考试并不是太难，不做这行的人都可以考个证，相信你自己的力量。

4. 诀窍也是一门学问

应聘面试时，你在交流过程中说出一些诀窍是增分项，就像武侠小说中的比武，一看招式不用交手就知道谁胜出。诀窍可以找名师学两招，也可以自己总结出来几招，因为面试交流时间有限，说出几项要点使主管领导有认同感就是胜利。

平淡的工作中自己总结出来的未必很有效，但是你找高手名师学两招是非常见效的。例如你应聘的岗位是商务经理，你学习几段项目成本管理知识就是加分项，能说出怎么测算成本就能得到主管领导的认同；例如你应聘的是施工企业的普通职位，你能说几句工程档案管理就是加分项，因为你的这段话能表现出来工作认真程度；假如你应聘的岗位是咨询公司的项目经理，你能讲出来一些与人搞好关系的话就是加分项，因为要驻现场必须处理甲乙双方关系，也要带领自己手下的人干活，搞好关系才能开展工作。

如果感觉面试时间没有限制，主管领导对你感兴趣，你可以聊一个简短的工程案例，也可以模仿名师讲的某工程案例复述一遍，主管领导并不是想听你这个案例讲得多好，他们只是会从侧面考虑你是否有晋升的机会，是不是培养的人才对象。

5. 关系也存在包装

你的交流圈、朋友圈、领导关系等都可能是你应聘时的加分项，有好的关系，在新单位不了解你之前搭一个桥，是一个办法。例如某人想跳槽到某公司，主管领导虽然不知道你能力如何，但是有你认识的领导帮你美言几句就会顺利通过。

关系不错的人，跟主管领导的几句好话，或重点推荐你一次，这个应聘也就成了普通流程。如果主管领导认识你的原直属管理领导，也会拉近关系。

可以通过某件事或认识某人，在交谈中临时发挥拉近关系，也可以通过与相识人的对比拉近关系。比如某公司岗位上的某人能力水平较高，工资也很不错，我的水平与他相比不分伯仲，这样硬贴上去的关系虽然不靠谱，但是能证明你的技术水平也很高，想要找个好单位施展拳脚。

6. 业绩也存在包装

业绩包装是以往应聘者常用的办法，如今信息发达，你如能指出来做过的业绩可查询，主管领导在面试时就可以通过业绩了解到你的工作经验。比如某地区建筑很出名，你正好在建设时是商务经理,这个业绩就是你的垫脚石。

也有应聘者虚报业绩,根本没有在那么高的岗位上工作过,却说是那个岗位的主管,还有应聘者拿道听途说的工程编业绩,说是自己全程跟踪管理过那个工程。这样虚报可能会混过关,但是不能提倡这么做,十有八九会"露馅"。

在某企业内部获得过一些业绩,可以在应聘时说出来,比如某项目因为我的努力,竣工结算额增加××万元;某大型项目通过我的审计达到什么结果,评定为某项标准;某项目公司给予个人某项奖章等。

包装自己是必要的,即使面试较熟悉的企业也须有几项包装,展示自己能力的时候是从公司面试时就开始的。没有伯乐之前你必须跑千里,路上可能会碰巧遇见伯乐,如果你待在原地等,伯乐怎么能知道你能跑千里呢?

4.4 为什么咨询公司宁愿招工作四年的而不招工作八年的计量高手

纵向对比:四年计量经验的从业者积极向上,八年计量经验的从业者为了工作而工作,工作四年完全可以胜任建模计量工作,两人的识图计量能力相差不大。

横向对比:四年计量经验的从业者薪资6~7k,八年计量经验的从业者给9k还嫌少,相同岗位职能,工作四年薪资更低,可以有效降低企业成本。

侧面对比:八年计量经验的从业者经历过几个企业,算是"老油条"了,难以管理,个人负面情绪会给企业带来不好的影响。

1. 造价从业者不是越老越吃香,而是经验有用才吃香

"造价员"这个名词到现在仅仅15年时间,2006年以前叫预算员,更早的造价从业者都是手工计量、定额计价,2000年电脑尚未普及,都是用蓝图计量,工作量大,工作效率低。

造价计量计价工作方式的历史:

1970~2003年:手工计量,定额计价。

2004~2013年:电脑计量,清单计价,定额计价减少。

2014~2020年:电脑计量,清单计价,清单计价减少,定额取消。

从操作工具到操作方式,变化越来越快。建模计量工作的技术含量与工作经验无关,因此咨询公司宁愿招一个工作四年而不招工作八年的计量高手。

所谓造价经验是指造价管理经验。从管人的角度,造价管理工作包括能够带领团队,审核团队完成的任务;从做事的角度,造价管理工作包括能够解决造价争议,处理业务上的各种问题。理科生更擅长做事，而不是管人。因此，造价从业5年就要向管理方向发展。

在咨询公司带领团队，审核团队完成的任务，这些经验只适合咨询业务，到施工单位是另一种工作模式，到甲方又是一种工作模式。跳槽并不能带走咨询业务的管理经验。因此，专业技术是造价从业者职业发展的根本。

2. 工作的目的不仅为了钱，真正的意义是实现自我成长

从刚毕业入行开始，就要为5年后的职业发展考虑，选择适合自己的职业发展路径。

男性更适合从事施工单位成本经理的工作。建议先去施工现场了解施工工艺，管理分包班组，学会企业内部管理，掌握各类成本数据，了解企业情况，逐步晋升为成本经理。

女性更适合从事咨询公司主管岗位的工作。在公司上班，重复性工作，按时上下班，可兼顾家庭。建议从解决各类争议开始学习，专业问题要深耕细作，兼顾个人成长和收入，同时还要考虑更换工作的风险因素。

各类企业招聘需求

企业性质	学历要求	工程经验接受度	晋升方向	证书要求
咨询公司	不限	刚毕业新人	造价主管	有证书增加工资
施工单位	不限 （国企有限制）	有一定经验 （国企可接受新人）	成本经理	可有可无 （国企要求有）， 有证书增加工资
甲方	本科 （有一本要求）	必须有经验	项目主管	必须有
其他单位 （设计等）	本科	有一定经验	部门负责人	必须有

从企业招聘角度来看，刚毕业的新人更适合咨询公司，但是工作5年后要么晋升为主管，要么职业发展遇到瓶颈。如果做不到晋升，将面临长期与工作四年以下从业者竞争的局面。显然，工作八年的从业者，加班熬夜也不如年轻人。

3. 计量工作还能持续干下去吗？

从事建模计量的从业者近10年应该不会被淘汰，操作方式和操作工具的改变需要一个过程，如果跟不上时代，从业者自然会被淘汰。房地产市场淘汰速度较慢，因为建模计量相对简单，直到不能适应市场才会去改变。

建模计量工作受工程交易模式的影响。比如：EPC项目，设计图纸时已经建好三维模型，一次导入就可以出工程量，省去重复建模的过程，原本10个人的工作，现在1个人就干完了，

计量岗位的减少，使得从业者逐步被市场淘汰。

每个项目必须要有工程量，但是计算方法的改变，会给造价从业者带来操作上的改变。因此，建模计量工作并不体现造价经验，只是目前企业缺少操作人员而已，读懂图纸，工作多少年都一样，谈不上什么技术含量。

造价新人必须学习建模计量，因为刚入行识图能力不强，建模计量使得识图更加直观，解决岗位需求是第一步。建模计量是造价行业最简单的工作，也是每个造价从业者职业发展的必经之路。

总结：

造价从业者在不同阶段要做不同的事情，如果停止不前，倒不如造价新人，工作能力与工作年限不匹配就会被淘汰。造价从业者必须跟上时代的需求，唯一不变的就是变化。不断更新自己的知识，学会与人打交道，掌握操作工具和操作方法，造价从业者应该全面发展。

4.5 做不够两年就离职被质疑忠诚度，对个人发展不利

造价员小刘在一个单位做了两年不到就离职了。在新单位邀请面试的时候，被 HR 一顿教训，小刘忍不住反唇相讥，然后扬长而去。企业把自己当成救世主的不在少数，HR 没有摆正自己位置的也大有人在。

小刘在单位做了两年不到，因为和开始谈的条件相差甚远，忍了一年半，产生了离开的念头。偏偏这时候一家单位向他抛出了橄榄枝，于是他兴冲冲去面试。

面试流程很长，先是填了一堆表格，甚至连小学的学校都要填。

小刘想：这是要查户口吗？面个试需要把家庭状况查个底儿掉。

刚填完表格，HR 又拿来一摞资料，一看是试卷。

小刘耐着性子做起试卷。

小刘想：我是来面试的，还需要回答这么多问题，而且全是难题，这是什么节奏，没有一些经验还真的要交白卷。

小刘足足做了一个小时，好不容易把试卷答完了，面试的 HR 上来就问了一个问题："说说为什么从上一家企业离职？为什么做了不到两年就离职？你这么做是不是对上一家企业不太忠诚？其实我们不太愿意招聘不懂得感恩的员工。"

小刘问："您是在审犯人吗？你怎么判断一个人不懂得感恩和忠诚？"

当你以救世主的身份质问面试者的时候，请记住：所有的不尊重都会被反噬。

感恩和忠诚是相互的，自己不具备更大的格局，就不要妄想别人高看自己。

说完扬长而去。

小刘面试的情景可以说是常态，只不过他说话比较强势罢了。

做什么事都有两面性，无论站在哪个角度，只有考虑求职者自身发展才会有好结果。

1. 企业的 HR 应该记住，没有人会接受一个不尊重人的企业

当那些高高在上的 HR 宣扬各种危机的时候，以为自己就是救世主，对待求职者像挑选大白菜一样，殊不知沟通和尊重是相互的。

比如试用期，既是企业对员工的考察，也包含员工对企业的适应和接受程度。

要找到想要的人才，不拘一格才是正道。

2. 对求职者来说，在一个单位做了不到两年就离职其实很吃亏

与感恩和忠诚度无关，而是与个人职业发展相关。

在一家单位做不到两年就走，对个人发展极其不利。经常看到不断跳槽的人，结果越跳越差，究其原因：总是循环往复回到原点。

当自己永远停留在原点的时候，请记住，人所需要的面包，要靠自己去争取。

3. 遇到心仪的企业，坚持就对了

坚持是提高竞争力的一种途径。

量变引起质变，个人价值会随着时间的推移变得越来越大，两年是一个分水岭，耐得住时间，就会有飞跃。

踏实做下去，只要企业值得，坚持就一定会有收获。

4.6　30 岁的造价从业者，你的人生能否经得起你做永远的小白

经常听到很多从事市政类的造价员说：今年已经 30 岁了，中年危机很近了，必须拼命学习，最好是跳槽到中字头的大国企去，不然就没机会了。

怕市政工程面太窄，不好找工作，转而辞职去中字头的单位基层学土建造价，想要多涉足新领域，并要放弃十年的市政预算经验，从零开始去当土建预算小白。

但是，你的人生会因为你的任性经不起折腾。

1. 梦想成真，你的人生经得起永远的小白吗

如果梦想成真，你果真来到一个以土建类为主的单位，市政类专业经验被"打入冷宫"。你在跳槽时候的愿望是：土建和市政共存，可以更好地提高自己。

但，是不是有提高呢？

土建类所谓的市政专业，是直接在施工现场的土路上铺筑级配或者二灰碎石就能完成的"临时道路"，预算呢？根本不用做。

土建单位并不是没有市政预算，它是土建工程中的"临时道路"，是措施项目中安全防护的一部分，临时道路的拆除和使用无需任何费用增加。

结果：

五年后，你对市政类商务经营工作的经验因为接触不到项目渐行渐远，从本来的市政造价中级水平，因为没有项目加持，逐渐成为市政类小白，停留在仅仅只是会做而已；土建造价呢，你由小白成长为夹生的中级水平，因为没有十年以上的经验，以及土建工程工期的原因，接触不到更多的项目，成长的速度可想而知。

然而，那些从土建单位跳槽到市政公司的造价员呢，原因也几乎都是一样的：他们认为在土建项目部好多年了，学习进度有些慢，所以转而从事市政，因为更容易学到东西。这个例子对任何专业都适用。

三十好几的你，如果在自己本就优势的市政行业蓄势，平台不变，加上五年的项目经验，同时以其他形式学习土建类知识，想要步入高手之列也并不是没有希望的。

这两种方式你会选择哪一个呢？

2. 高手之高，不只是计量，更重要的是学习力

作为造价人，可以学习稻盛和夫的六项精进：

1）付出不亚于任何人的努力。
2）要谦虚，不要骄傲。
3）要每天反省。
4）活着，就要感谢。
5）积善行、思利他。
6）不要有感性的烦恼。

满招损谦受益，拿市政工程预算来说，你是否真的认为自己已经没有什么可学的了？或者说造价太简单？这恰恰证明，你刚好进入了专业的瓶颈，是有待提升的时候，而不是什么都不需要学了，市政专业哪里有那么简单。

常常听到一些跨部门搞工程的人说：你们商务造价有什么，我也会！把量算准点儿，把该拿的都拿回来就得了。而且他们还会挑出很多毛病，然后上纲上线，认为自己比认识的高手强。

造价朋友千万不要被吓到，如果当真你就输了。

认识高手，不见得自己就是高手，世界之大，我们未知的领域和知识太多太多，如果你就

是那个一直飘着的自己，尽快从半空中降下来才是正解，不久的将来，有可能你就是高手。

商务人员最重要的就是谦虚和学习力，凡是遇到那些不把造价工作当回事且对这个专业没有敬畏之心的人，十有八九，自己的专业能力也不怎么样。

因为我相信，山外有山，人外有人。

一个动不动就把话说得太满的人，只能算作半瓶子醋。一个浑身正能量、有学习力的人，永远都不会看轻身边的任何一个人，给别人更多的是尊重与信任。

3. 要学会搭建自己的知识树结构，随时拿取

造价人学着搭建自己的知识树结构是必要的，也是必须的。

市政工程都有哪些内容？

作为小白来说，需要掌握一些基础知识和见识，看看这些内容自己掌握了多少。

市政基础设施建设是一个范围极广的专业，基础范围包括道路工程，桥梁工程，城市道路交通（道路、桥梁、交通设施、铁路、轨道），河湖生态水系（河道、引水渠、排灌泵站、水工构筑物），综合管线（雨水工程、污水工程、给水工程、再生水工程、热力工程、燃气工程、通信等），供电工程（架空线、无轨杆线、电气设备、供电杆线、机电安装），园林绿化工程（行道树、灌木、草坪、绿化小品——如街道绿化中的假山石、游廊、画架、水池、喷泉等建筑物）。每一个项目都不一样，每一个专业都有不同的内容及不同的工程造价思路。

这些专业宽泛，切忌贪多，需要慢慢消化和学习，随着新工艺日新月异地发展，市政专业知识你可能一辈子也学不完。

同样，土建类是不是也一样呢？造价从来不是靠经验，而是靠经验积累和思维逻辑，见多才能识广。因为，各种专业永远都是推陈出新的。

有位专家老师曾说过：工程计量，不过是造价体系十八层台阶的第一层。自查一下，看看自己现在在哪一层呢？

4. 商务经营要全面系统吸收各个方面的业务知识，熟练掌握架构

有一个大的框架结构才能展开工作。

招投标中标的总承包项目，会划分主体工程和专业分包工程，这里面就有很多的内容需要消化，针对合同报价部分的费用，商务人员更要敏感。

工程造价重点关注的暂列金额，主要是建设单位用于项目实施过程当中发生设计变更及洽商所增加的费用，是不能超出的。

这个金额是合同范围内所有专业工程量的总和，如果是总包单位就要全局考量，对项目进行综合商务管理，除了要对自己的工程量，以及自己实施范围内的工程量计算准确，核算出工程总价，还要根据分包类型有清晰的管理思路。

所有的项目都是有上限的，所以作为高级商务人员，要具备商务策划能力。

商务人员不只是要把负责的内容核算出来，还要核算各个专业的具体工程量，目的就是在总体结算做商务纠偏时不出现超出概算的情况。

作为市政专业来说，知识面要比土建类宽泛很多，各个专业都会涉及，如果不对这些专业工程有了解，结算时就不可能对自行施工的部分进行结算纠偏和总价调整。

5. 认清自身状况，体现价值

认为市政工程面窄不好找工作，转而辞职从事土建，30 岁的人回归原点去当土建造价小白，实际是自我认知出现了问题。

认为自己已经掌握全部工作内容，所以要转轨学习新知识。但是，新知识不需要靠辞职来获取，何况，自己掌握的知识足够精了吗？

如果只是皮毛，不专也不精，东一榔头西一棒子，最后什么也得不到，没有积累哪里来的灵活应用。

一个造价人员的基础工作，就是要学会在框架的基础上如何更快更好地掌握商务经营，每一个项目对建设单位、分包单位、设计、地勘、监理、管理公司、过程审计都有不一样的沟通内容和技巧，用专业知识更多的沟通，达到更高的层次才能体现自身的价值。

6. 结论

无论何种专业，所有的知识都是螺旋式上升的，学无止境，当发现已经没有什么可学的时候，往往是到了知识瓶颈，也是需要静心梳理的时候了。

个人知识面的宽与窄，无论是在专业上的，还是生活上的，只要想学，在知识爆炸的今天总可以学到。如果想学新知识就要辞职的话，未免有些得不偿失了。

因为，你的人生经不起你做永远的小白。

4.7 造价人没有"35 岁危机"，做好个人 IP 规划，35 岁就是你高薪的起步

最近似乎网上热议的 45 岁危机已经转化到了"35 岁危机"的话题，年龄危机已经使很多人窒息，35 岁造价员的天似乎要塌下来了！

企业不招 35 岁以上的造价人员，那 35 岁以上的人都在做什么？难道 35 岁以上的造价员都去跳广场舞了？

错！他们都在选择猎头招聘获取高薪！

工程造价人从来就没有"35 岁危机",做好个人 IP 规划,35 岁就是你高薪的起步。

1. 缘何发生"35 岁危机",他们一直在做什么?

有些造价人看到 35 岁以上不被招聘,心里就会发凉,其实大可不必。

我们是不是可以看一下,各个企业 35 岁以下的招聘岗位是什么?那些都是基层岗位!

我辛苦带了两年的实习生,从施工单位辞职,去了一家咨询公司做审计,直到手续办理完毕,我才知道去的是哪里。他回到公司来,我见到他的第一句话就是:如果知道你去咨询公司,我肯定不会放你,因为时机不对。

下面看看咨询公司的基层造价员在做什么。

实习生是咨询公司最喜欢的类型,既便宜又好用,也是最受欢迎的一类人。

由于咨询公司的招标和审计结算业务的来源和产出,都是分部门管理,招标代理部、预算部各个部门的业务也都是板块式。

招标代理部以板块开展业务,最后出的全是跑手续的熟练工种,只负责把图纸从甲方拿回来转到预算部门,招标文件中的招标范围只是一句话,以工程图纸和工程量清单量为准,就完成对工程报价及范围的叙述。

预算部主要任务是根据图纸编制控制清单和控制价,为了效率更高,人员划分细化到分专业。

基层造价员工的计量是基本工作,流水线一样。预算部门接到一个工程可能有七八个专业,招标清单和控制价要在很短的时间之内完成,分人分批次对各个专业进行编制。

实习生到了新公司,公司为了效率更高,安排只负责一个专业,拿到手的几个项目都是同一个专业,或者只负责 10 个项目中其中的一部分,不能把握全局。

然后由专门负责人对几个人的专业进行汇总后发出,这是效率最高的一种做法。

咨询公司的审计工作流程也是一样的。

正所谓一个经验用十年,这个经验用到最后的结局,相信大家都知道是什么。

这就是为什么 35 岁的造价员工资还没有实习生高,因为,熟练工种是最容易被替代的,没有其他能够拿得出手的,除了你的年龄越来越大,拿什么和年轻人比,你的竞争力究竟在哪里?

2. 最容易被淘汰的是什么样的人

一个只会计量、套价的造价人,没有其他能力,到了 35 岁,他才真正会发生"35 岁危机"。

在和咨询公司某审计负责人谈判的时候,他把我的结算直接腰斩后通知我过去。

我问了他几个审核问题都没有回答出来,然后我质问他,你为什么要给我把结算减一半?

他笑着说:不为什么,不过就是一过程。

跟他要核减的工程量核对，他说：不能给，自己回去算。

这个审计负责人是一个主管，压价毫无说服力，不能做到以礼服人，因为无理由核减，多次被多家施工单位要求建设单位开会协调结算。

如果你在这样一家咨询公司从事工作，很不幸，你做的工作毫无意义。仅仅因为你的主管领导，项目负责人给施工单位压价的一个基础，你几乎连核对机会都没有。

造价人员的成长除了计量，还有一个更重要的工作，就是对人。

作为实习人员，只有在核对中才能发现你对手的闪光点，也才知道你的短板究竟在哪里。

清单缺项、组价毫无章法，不清楚现场工艺流程，看不懂合同和结算原则，不是被懂行的人碾压，就是被新手造价员迎头赶上。没有一定的基础，拿什么刷你的存在感？

主管负责人几乎都是外聘管理人员，那么，你的机会又在哪里？

对于一个在咨询公司计量一干就是10年的基层造价人，可以说确实是只有经验。

而这个经验和我们后面所说的经验，真的不是一回事儿。

3. 造价人要向何处发力？

做好复盘，具有复合型的能力才是你的发展之道。真正的经验，是任何人和任何机器都无法替代的。

经验才能上升到思维，但是一个只会计量的造价人，你能指望他的思维上升到什么程度？

曾经招聘过一个从咨询公司做审计过来的员工，在咨询公司基层岗干了好几年，到了施工单位还是基层岗。

除了会计量和软件搜索套定额，他发现施工单位的很多商务工作自己都不行，太简单的工作不愿意做，复杂的又做不来。于是，大量的购买学习课程。也才终于知道，原来自己一直是一个在半空中飘着的人，这么多年在咨询公司的审计工作，已经把自己耽误了太久。

咨询公司基层岗确实不需要复合型人才，需要的只是能够复制产品的机器。

但是咨询公司有一个相同点，各家公司的高级管理岗，都是从外面挖来的货真价实的复合型人才。

不要被焦虑信息所干扰，作为造价人，为了你的职业生涯和长远考虑，应该知道自己的差距是什么，你要努力让自己成为一个复合型人才。

而成为这个人才的基本条件是什么呢？经验！

看看这个"经验"都有什么，也是我多次在我的文章中提起的，以及我在微信公众号"姐是商务精英"和今日头条开设的专栏《商务小白到精英，商务全过程管理》里写的一篇文章：工程造价商务人员要建立自己的知识树：①最简单工作——计量；②招投标知识和操作；③合同编制；④商务谈判；⑤造价索赔；⑥洽商编制与组价；⑦施工定额增补清单的编制；⑧施工方案的编制与审核；⑨招标文件的编制与审核；⑩概算的编制与审核；⑪商务策划；

⑫项目综合指标编制；⑬项目的成本测算、成本管控及纠偏；⑭成本分析；⑮投标报价分析与投标策略；⑯项目结算与策划；⑰基础定额编制；⑱紧急情况处理；⑲法律法规及相关财务知识。

施工商务造价工作，就是实践的基础，掌握项目全过程经济、结算工作贯穿始终。复盘夯实你的工作，让自己成为真正的复合型人才，经验就是基础。

而这些经验都是不可复制的，因为每一个项目都是不一样的，你接触得越多，接触面越广，你的经验就会越富足。

无论是咨询公司、施工单位还是建设单位，需要的高端人才都是复合型人才，35岁仅仅是起步。

35岁以下，除了年轻是优点，其他各方面都还需锤炼，能够真正独当一面的几乎就是凤毛麟角。

从35岁开始并不晚，做好自己，脚踏实地才是正确选择。

4. 中层与高管岗位，以35岁起步，如果给你机会，你的实力接得住吗？

因为对自己能力高估或者对发展瓶颈的担忧而选择旁门左道，一定就是自断后路。

那些自认为具备相关能力就被挖到相关企业，企业也认为捡到了大便宜，找到这么年轻的领导简直就是抄上了。

殊不知，很多情况是到最后发现被招聘来的人是金玉其外，败絮其中。

有没有人见过35岁的副总，预算不会做，软件不会上，甚至连成本都不会测，夹生到连增值税到底是什么都搞不清楚，就能代表公司把自己测算的成本拿到业主那里去谈判，结果被打脸而砸了公司的牌子，市场也没了？

公司各项工作协调得一塌糊涂，除了具备招聘面试时的口出狂言和推卸责任，其他任何价值都没有，损失的岂止是给他发的那些高薪，对企业而言简直就是在历劫。

机会时时都在，没有脚踏实地的工作和积累，只是学习口吐莲花，即便给你年薪50万甚至更多，以你的实力，你能保证拿多久？

所以说机会永远都会有，但是你抓住机会的前提是：锻炼自己的综合能力，让你的经验更值钱。

5. 让真正意义上的经验、格局、共情能力共存

大多数情况下，所谓一个经验用10年不是没有道理。

只有见多才有识广，也才有解决问题时候的四两拨千斤的能力，经验一定就是建立在基础与综合实力之上才具备的。

有人说，哪里有那么多的问题让我们去解决？

可是，只要有人，有项目，偏偏就会有很多的问题让你遇到，你能解决到什么程度，完全取决于你自身提取信息与资源的能力。

"商务造价"四个字可远不仅仅是计量、套定额或者数据堆砌那么简单。

讲一个不能再简单的小案例：

你是总包单位的商务，在和分包谈判时，能做到合作共赢原则吗？能够做到站在对方的角度考虑吗？或许你会说：各为其主，我当然为我公司考虑。然后，你把分包的风险做到了最大，无限责任，承担项目过程发生的一切风险。

于是你赢了，分包看似被你蒙了，签署了合约。你正在偷偷乐，他却给你打了一个回马枪让你无力反击。

项目并没按照你的想法发展，分包合同签署的固定总价，所有风险都被对方承担，公司看似占了好大的便宜。

然而人算不如天算，项目被无限延期了，没有发生工作量，但是，应你要求进场了，好几百号人的窝工费承担不起，民工按时发工资的需求迫使你必须解决，否则就会伴随其他事件发生。

你怎么办？

遇到这个情况，就要以诚恳的态度，结合双方的合同约定，把风险问题进行逐项谈判，危机公关能力必不可少，给对方以适当让步，并完善合约签署补充协议，风险共担以达成双方的共识，而非不公平的合约后患无穷。

如果你连最基本的谈判基础和基本的法律常识都没有，你拿什么去和对手切磋并达成一致？

经验发挥作用只是其中的一个小点，没有格局，没有见过大场面，就没有思路去解决问题，甚至连效果也就会不一样。

作为一个有"经验"的商务人员，除了具备基本专业知识，有格局，甚至要具备基本的共情能力，才能解决突发事件以及一些纠纷和争议，这些也绝不是靠书本得来的。

6. 结论

"35岁危机"的造价人，不要太在意眼前的低工资，也不要去攀比为什么新来的比你的工资高而使自己的心境发生变化，最终对工作失去激情。

只要你用心把自己打磨成复合型人才，具备不可替代的职场竞争力，具备抬脚就走的能力，工资翻倍甚至翻数倍，不是不可能。

只要你能把心沉下来，那些网上带节奏的所谓"50岁危机""45岁危机"甚至"35岁危机"，于你而言，压根儿就不会存在。

第二篇

提升篇

- 第5章 造价小白"心中的问号"
- 第6章 个人成长与管理
- 第7章 学习计量知识技能的方法
- 第8章 全过程造价实操要点
- 第9章 咨询公司的"来龙去脉"
- 第10章 造价人的"拦路虎"
- 第11章 地产全过程造价的工作清单
- 第12章 求职面试"必考题"
- 第13章 地产全过程造价的工作流程

第 5 章
造价小白"心中的问号"

5.1 造价小白必须想清楚的四个问题

小白是一名工程造价专业的本科生,对于造价专业,虽谈不上喜欢,但也并不讨厌。在学校里,她喜欢由着自己的性子来,轻松学习、愉快生活,反正正常毕业没有问题。一转眼来到了大四,因为想早点帮家里减轻负担,她并没有选择考研。万万没想到,毕业前的双选会如同当头一棒。有的用人单位明确要求跟项目,有的则隐晦表达只招男生。看着越来越多的同学找到心仪的工作,自己则像是无头苍蝇一样到处乱撞。她不想放弃任何一个机会,却依然没有结果。眼看离毕业越来越近,迷茫、焦虑的情绪越发强烈,甚至怀疑自己该不该从事造价行业。

我相信小白的经历,很多同学会感同身受。其实,有些问题应该早点想清楚:到底要不要从事造价行业,对于城市的选择只看房价吗,什么专业方向更有利于职业发展,第一份工作去什么公司才能学到更多知识。针对应届毕业生最关心的几个问题说说我的观点。

1. 要不要从事造价行业

对于这个问题,每个人关注的角度不同。

有人关注从事造价行业以后能不能拿高薪。这些年,随着建筑行业日益成熟、城镇化逐步完成,建筑行业的黄金时代已经过去,逐步转型为向管理要效益的稳健阶段,但是建筑行业作为支柱性产业的地位仍然不可动摇。每个行业的收入都有高有低,关键在于自己是否具备不可替代性。这种不可替代性体现在技术、管理、资源三个方面。走技术路线可以成为技术负责人;走管理路线可以成为中、高层管理者;拥有人脉资源可以成为企业家或者自由职业者。这些都是行业头部,自然是高净值人群。

身边经常有小伙伴问:我想转行做工程造价……有这种想法的同学,有的身边有从事造价行业的亲戚,有的听说造价行业有前途,有的觉得做施工无法照顾家庭,或者觉得做资料没前途被动转行。这些大都是外在因素，很多人对造价行业并不了解，很少从内在因素思考自己是否适合从事造价行业。

说到适合，有的人认为适合就是感兴趣，其实不完全是。一个人对行业有一定了解后才会产生兴趣，在对行业一无所知的情况下，充其量只是冲动。所谓的适合，简单讲就是别人需要投入很多时间、金钱才能做到的事，你很容易就能做到。

那么，造价行业应该具备哪些软实力呢？

（1）逻辑思维能力。造价行业需要良好的逻辑思维能力。比如：一提到变更，从成本意识角度，我们需要判断是增项还是减项变更，在哪版图纸基础上做变更，变更涉及哪些内容和合同，变更涉及施工前变更还是施工后变更，新增单价的计取依据等。

（2）学会整体看问题。造价贯穿整个项目的全生命周期，无论是重计量中总分包，甲、乙供材的界面，不同楼栋、不同专业之间的划分，还是造价全过程各阶段之间的关联，都需要全盘考虑，不能各自为战。

（3）对数据敏感。数据贯穿造价的方方面面，数据化是造价的天然属性。作为造价从业者，需要对数据敏感。目标成本预留金额的权衡，方案比选价格与价值的高低，调整不平衡报价的增减，对量甲乙双方的博弈，图纸优化各部分的取舍，审核进度款预防超付保留的余量，这些都要做到心中有数。

（4）做事细致负责。造价是跟数字打交道的一门艺术，追求合理范围内的精确，不能有"差不多就行"的想法，差不多就是差很多，别人就会认为你不专业。

（5）持续学习。造价属于传统行业，近些年发展迅猛，同时延伸出许多新领域、新工艺、新政策。比如：装配式、PPP、EPC、保温一体化、铝模、税率调整等。这就需要造价从业者在工作中不断学习，跟上行业发展的趋势。

（6）沟通能力与团队精神。造价工作中分工合作不可避免，这就需要造价从业者具有良好的沟通能力和团队精神，对内做到高效协作，对外争取更大利益。

除了专业知识和能力外，以上是造价人所必备的"软实力"。具备这些实力，说明你适合从事造价行业，有助于形成先发优势、保持竞争力，成为行业人才。

人具有很强的可塑性，即便目前不具备这些，为了达到目标，也要主动改变自己适应工作的需要。要不要从事这个行业，是面对任何行业时都会遇到的问题，而解题的关键在于你有没有为之真正付出过行动。

2. 选择大城市还是小城市

对于城市的选择，其实是三观的选择。你究竟想怎样度过一生，是开阔视野、努力拼搏、成就一番事业；还是安居乐业、平淡幸福、陪伴亲朋好友。也许对于这个问题你也很纠结。很多人从小到大没为自己做主，或者没有选择的机会，这使得很多人根本不了解自己，不了解自己内心深处最真实的想法。不会权衡利弊、遵循内心做出选择，并承担选择带来的结果，直到临近毕业一直都是随波逐流、浑浑噩噩。

对于选择，我们可以简化成你对于工作的态度。工作对于你意味着什么，是养家糊口的饭碗，还是成就自我价值的平台，相信你的内心是有声音的。虽说三观、工作本身不能直接跟城市选择画等号，但只有具备更多的工作机会才更容易成就事业、实现自我。显而易见，只有大城市才能提供更多的工作机会。

有的人从大城市回到小城市后，因为各种"水土不服"被迫重返大城市；有的人虽然换了几个城市，但一直选择大城市。这些都源于内心早已萌生的种子。

3. 选择土建、安装还是其他职业方向

对于造价的职业方向，更多是按照项目类型、专业类型来划分的。因此，造价行业从职业方向上分为土建、安装、园林、精装、市政、电力等。建筑行业市场上，房建项目从数量上占据主导地位，企业提供的职位多，同时竞争也更为激烈。与此同时，基础配套设施项目虽然单个体量大，但项目相对较少，企业提供的职位也少。

从收入角度，基础配套设施类专业的收入比同等职位的房建类专业要高。从工作环境角度，基础配套设施项目大多数在祖国大好河山之中，即便在城市里，多数项目周边也是荒无人烟、人迹罕至。长期来看，对于思维开阔性、职业生涯多样性、人脉积累、照顾家庭等方面有很大影响。因此，对于大多数人，房建项目是首选。

像土建、安装、园林、精装等这些专业，又该如何选择呢。这要从各专业的特点说起。

土建专业因贯穿整个项目周期，职位多、竞争激烈、能力要求高，有利于往管理方向发展。安装专业广、细分专业多、门槛低，有利于往专业方向发展。园林、精装专业属于配合性专业，职位少、专业性强、竞争压力小，但职业发展受限。

因此，根据各专业的不同特点，在专业选择上，可以遵循以下原则："深"土建、"广"安装、"专业"园林和精装。

4. 选择施工、咨询公司还是地产公司

对于这个问题，我的个人观点是：无论施工、咨询公司还是地产公司，都有可以学习的知识和技能，不分谁先谁后，不分孰轻孰重，但是第一份工作尽量选择大公司，了解规范操作是怎样的。知道什么是"正"，才能看得清"奇"。

对于公司类型的选择，需要在了解不同类型公司的特点后，根据自身需求做出选择。

施工单位分为总包、专业分包和劳务分包，无论项目参与度、专业性、以及管理水平，总包都比专业分包、劳务分包好得多。施工单位的优势是可以近距离了解施工工艺、施工流程，并结合不同阶段的造价工作，对施工单位全过程造价有整体认识；不足之处在于各公司、项目

部差异很大，项目部工作环境比较艰苦，要有很强的自律性。

咨询公司是专门从事造价业务的公司，优势在于直接接触造价业务，能快速提升造价技能，从全过程造价工作中了解甲方成本管控要点；不足之处在于无法直接了解施工过程，闭门造车，容易想当然，职业初期收入比较低。

地产公司是很多造价从业者梦寐以求的归宿。优势在于全方位参与项目成本管控工作，工作环境好，工作轻松（其实现在并不轻松），受人尊重，收入水平较高。不足之处除了远离施工现场之外，也远离了造价业务，容易缺乏造价实操经验。

总之，作为造价从业者，没有一个人不曾年轻迷茫，没有一个人不曾经历选择，很多人都曾为自己当初的选择感到后悔，但庆幸的是，更多人仍在付出并为此感到骄傲。

5.2　行业发展现状及前景

很多小伙伴刚刚接触造价行业，不了解行业发展现状，不知行业前景如何，特别是在学习遇到困难时，对是否从事造价行业变得摇摆不定，给大家带来不少困扰。

造价行业是工程建设领域的附属行业，其发展跟工程建设的需求息息相关，而工程建设是关系经济发展、城市建设、农民工就业的基础性行业，与之相关联的行业多达上百个。从国有企业安置房，到地产开发的商品房，再到城镇化建设，以及随之带来的交通、市政基础设施、城市配套的大发展，可以看出无论哪个时期工程建设的需求都是很大的。那么，现阶段工程建设具有哪些特点呢？

第一，城镇化建设基本完成，城市扩张速度放缓，商品房建设速度下降。

第二，大力建设高铁、地铁等交通市政基础设施，以京津冀、长三角、珠三角为首，打造一小时城市经济圈。

第三，打造城市标签、建设特色小镇。

可以看出，城市建设正由量到质进行转变。房建项目数量稳中有降，市政项目数量逐年递增。

从行业发展角度，任何一个行业周期都分为萌芽期、高速期、平稳期、衰退期四部分。周期结束时，行业或许消亡，或许长期存在，或许被其他行业取代。经过近十几年的飞速发展，造价行业已经进入平稳期，并且会持续很长一段时间。

从工作方式的角度，造价行业分为三个阶段：手工计量阶段、表格计量阶段、软件计量阶段，接下来会迈入第四阶段——智能计量阶段。

第一，手工计量阶段。基于算盘、计算器计量，手工抄写的工作方式，具有工作效率低、准确性差、汇总工作量大、不易存储的特点。直到20世纪90年代，计算机及办公软件的出现，解放了造价从业者的双手，造价行业从手工计量阶段进入表格计量阶段。

第二，表格计量阶段。基于办公软件的编辑、计算、存储的工作方式，在计量方面提高了速度和准确率，但仍需手动输入计算式，只是载体发生了变化而已，计价方面并没有太多改变。直到21世纪初，出现了行业软件，从此由表格计量阶段进入了电算阶段。

第三，软件计量阶段。目前造价行业处于该阶段，行业软件在很大程度上覆盖了计量、计价等造价基础工作，进一步提高了速度和准确率。由于软件更直观、更容易上手操作，因此降低了造价行业门槛，加上高校扩招，使得更多年轻人投身到造价行业中来。

造价行业不同阶段的特点如下表：

阶段	时长	准确性	缺点
手工计量	长	差	计算易出错
表格计量	较长	较差	汇总易出错
软件计量	短	好	重复操作多
智能计量	很短	好	复核时间长

以上从行业特点、行业发展和工作方式等三个方面总结了造价行业的发展现状。造价行业今后的前景又如何呢？

第一，以BIM技术为支持，以数据为向导，向全生命周期的工程咨询方向发展。

BIM技术使得各方从始至终可以在同一平台上实现项目管控，大大减少了各方信息的不对称性、信息的逐层流转，以及在流转过程中可能存在的信息衰减。另外，从始至终使用同一模型可以减少重复性建模，提高数据利用率，节省人力成本。这将有利于提升目标管控，无论设计优化、施工进度还是成本管控，最终会向全生命周期的工程咨询方向发展。

第二，随着人工智能的快速发展，加速造价人才的迭代和自我提升。

造价行业的前辈总是讲：造价行业越老越吃香，真的是这样吗？或许以前是这样。造价属于传统行业，技术革新慢，加上行业人员整体文化水平较低，行业知识更新速度慢。随着人工智能的快速发展，行业软件也会朝着更加智能的方向发展，造价基础工作被软件取代的比例逐渐增大，造价管理从单纯计量计价向成本管控方向发展，这使得行业人员之间竞争加剧。如何保持自身的不可替代性成为摆在每个造价从业者面前的难题。只有从技术、管理、资源、认知等多角度提升自己，深度学习、深度工作，才是保持核心竞争力的关键。这必然加速从业人员优胜劣汰，对于行业发展来讲，是件好事；对于个人来讲，未来将是风险与机遇并存。

总之，造价行业现状尚可，未来可期，若想有所小成，关键还在自己。

5.3 如何做好职业生涯规划

一谈到职业生涯规划，总给人一种高大上的感觉，似乎只有高学历、高收入的精英才会考虑，而造价只是算计量、套套价，职业生涯规划好像离我们很遥远，但事实并非如此。大到国家、城市，小到家庭、个人，都有发展规划。国家有五年规划，城市有城市规划，家庭有买房买车、结婚生子的规划，同样，作为造价从业者也要有自己的职业生涯规划。

既然是规划，首先要有前瞻性，结合行业趋势，指导自己未来的发展道路；其次是匹配性，符合自身特点，适合长期发展；重要的是，规划不是一成不变的，而是要根据外部变化做阶段性调整。

现实中，我们很少会思考自己的职业生涯规划。大多数人不是按照父母安排的人生轨迹，就是模仿成功人士的职业轨迹。真正在了解自我后做出职业规划的人并不多。

我们该如何认识自我，又该从哪些维度做职业生涯规划呢。

1. 认识自我

日常生活中，我们会制定很多计划，例如工作计划、考试计划、旅游计划、健身计划、新年计划等，除了工作计划、旅游计划外，很多计划我们执行得并不好。很重要的原因是因为缺乏持续执行力，对于需要很长时间才能看到效果的事情，在看到曙光之前就已经放弃了。在这一点上，每个人执行力的"肌肉"是不同的，在不了解自己的情况下，只是一味将成功标准塞到有限的时间上，最终导致的结果必然是无功而返。所以说，认识自我是制定计划的前提。

既然如此，我们做职业生涯规划时要从哪些方面认识自我呢。

第一，性格因素。你是外向性格还是内向性格，或者说是更喜欢跟人打交道还是更喜欢做事情，在选择职业方向时显得尤为重要。如果你不惧面对冲突，善于引导、说服他人，那么你更适合做商务经理、成本经理这样的职位；如果你善于分析数据，总结造价工作方法，那么你更适合在咨询公司做项目负责人。

第二，能力因素。能力决定了你能到达什么样的职位层级。职位层级越高的人综合能力越强，不是每个人都能做到职业经理人，我们需要清楚地知道当下能力范围能做的事，但永远不要给自己设限。

第三，价值观。价值观决定了你想成为什么样的人。是追求事业成功还是家庭事业两者兼顾，但这本来就是鱼和熊掌不可兼得。或许在步入职场之前，你已经有了自己的判断。

2. 职业生涯规划

（1）公司路径。公司路径是指根据不同类型公司寻找到一条职业发展道路，实现价值最大化的过程。

常见的公司路径（以下简称路径）有以下几条：

1）施工→咨询→地产。在施工单位学施工工艺，在咨询公司学造价技能，在地产公司学成本管控，这条路径成为越来越多造价从业者的选择肯定有它的合理性。项目范围从局部到整体，项目过程从单一阶段到全过程，专业上从造价实操到成本管控，每个维度都有提升。

2）咨询→地产。这条路径虽然少了施工单位，但很多人在咨询公司经历过地产项目全过程驻场，弥补了施工工艺方面的不足，从而成为女生的首选路径。

3）施工、咨询、地产。选择单一公司类型作为路径的人有以下特质：认准的事不轻易改变，追求稳定，包容性强。选择施工单位的人往往更加适应施工单位的工作性质；选择地产公司的人往往学历高，学习能力强；而选择咨询公司的人却少之又少。

4）地产→咨询。从甲方到丙方，称为回流现象，之所以会有这样的选择，往往因为这些人喜欢做事，不喜欢跟人打交道。地产是信息收集、分发的集散地，沟通协调是主要工作。有些人不擅长，更愿意跟技术打交道，因此出现这种现象。

（2）职业方向。职业方向是指具有某方面才能或擅长某方面工作，并以此作为职业发展目标。常见的职业方向有技术方向、管理方向、经营方向。

技术方向也就是我们所说的技术控，热衷于解决技术难题，从技术角度对项目进行把关，并对员工进行技术培训。

管理方向是指运用有限资源解决企业问题。

经营方向是指以入股或注册公司等形式参与企业经营。

（3）职位层级。职位层级是指通过个人努力在某一职业方向上能达到的职位高度，分为基层、中层、高层。职位层级很大程度上与个人能力相关。

技术方向的基层职位有：施工单位造价员、咨询公司造价员、内审专员、招标代理人员等，中层职位有：咨询公司审核部经理等，高层职位有：咨询公司技术负责人等。

管理方向的职位层级通常分为基层、中层、高层。基层管理更多以项目为单位，常见的职位有商务经理、造价项目负责人、项目成本经理等。中层管理更多以部门为单位，管理基层员工，并对部门考核指标全权负责，常见的职位有预算经营部经理、成本合约部经理、咨询公司部门经理等。高层管理更多以职能为单位，常见的职位有成本副总、造价部部长等。

我们把公司路径、职业方向、职位等级做成一个三维模型，这就是造价人职业规划模型。最终能停留在哪个格子，是由你的性格、能力、价值观决定的。性格决定了你想选择哪个公司路径、哪个职业方向；能力决定了你能达到哪个高度；而价值观决定了你想达到哪个高度。

最后讲讲我自己的职业经历，希望对大家有所启发。我从2008年毕业到现在整整14个年头,这14年从职业规划上可以分为四个阶段。

第一阶段(2008—2014年):

毕业时认为最终的职业归宿在地产公司,因为环境、待遇好,工作轻松,受人尊重。按施工-咨询-地产公司规划路径走完,发现地产公司不适合自己。

第二阶段(2014—2016年):

自己认为什么类型的公司不重要,重要的是直属领导赏识自己。跟随以前领导,发现领导的天花板就是你的天花板。

第三阶段(2016—2018年):

明确咨询公司是适合自己的公司类型,开始寻找有发展潜力的咨询公司,最终找到自己心仪的公司。

第四阶段(2018年至今):

寻找长期发展方向,明确造价职业教育领域作为发展方向。

你会发现每一阶段的职业规划并没有对错之分,而是对职业规划认知上的不断升级。

第一阶段是从公司路径规划角度寻找最终归属,而判断最终归属的因素不单单是收入,更深层次是对自我的把握(性格、能力、价值观)。

第二阶段是明确职业生涯规划应该抛开关键人物的影响。

第三阶段是从最终归属公司的角度寻找有发展潜力的公司。

第四阶段是寻找行业发展与个人之间的结合点作为长期发展的方向。

没有一成不变的规划,只有一成不变的自己。规划不是石头顽固不化,而是需要及时调整、自我迭代。只要将行业发展与个人发展相结合作为长期目标,你的造价职业生涯也会变得绚烂多彩。

5.4 如何判断造价咨询公司的好与坏

在10多年的工作经历中,我接触过很多咨询公司,大到几百人的上市公司,小到几个人的创业公司,对咨询公司有一定的了解,希望在求职上对大家有所帮助。

1. 咨询公司发展现状以及我对咨询公司的理解

这里所指的咨询公司仅就造价业务而言。目前咨询公司发展现状呈现两极分化的趋势,在某一省、市或者地区形成几家独大的局面,市场占有率趋于稳定,小型企业基本处于维持现有业务的状况。由于造价业务具有一定的地域性,因此全国性的大型企业也并不多。

经过近二十年简单的劳务外包模式后,咨询公司未来的发展趋势有两种:一种是广,即全过程工程咨询，包括设计、监理、成本、运营等；另一种是专，即深入某一行业的专业咨询，例如：石油、化工、电力、煤炭等行业。

以我的理解，咨询公司通过做项目，积累造价含量、指标等数据，经过筛选、加工，形成数据库，提供专业性建议，为甲方决策提供依据，实现全过程工程咨询服务，回归"咨询"本质，而不仅仅是劳务外包的角色。

然而，数据库的建立需要咨询公司一把手自上而下推进才能够实现，目前咨询公司有数据库的少之又少，更多的仅仅出现在技术方案中。一方面，咨询公司没有技术壁垒，没有议价权，随着价格下降和人工成本上升，使得利润变薄，对于短期内看不到效果，不能直接产生效益的工作，公司决策层并不愿意投入成本设置技术支持岗，结果是一个人同时做业务和技术支持，两者不能兼顾，因此无法建立数据库。另一方面，没有数据库的支持，导致咨询公司没有技术壁垒。这就形成了悖论，目前绝大多数咨询公司还是维持着传统的经营模式。

2. 咨询公司的类型

咨询公司按照规模分为工作室（10人以下）、小型（30人以下）、中型（30～100人）、大型（100人以上）等。

工作室是个人成立的组织，组织灵活、松散，业务不稳定，风险性高。

小型公司多数专业度较差，更多依靠个人能力。有自己的组织架构，业务不饱和，需要与其他公司合作作为业务补充，有时会拖欠员工工资，没有培养和晋升机制，加班文化盛行。

中型公司具备一定专业度，对专业和部门进行分工，有长期合作的客户，业务稳定，但客户相对单一，在维护老客户的同时还需积极拓展新客户。

大型公司专业度较高，成立分公司或者办事处，有大量长期合作的客户，有培养和晋升机制，在业界具有一定的影响力。

3. 如何判断一家造价咨询公司

（1）硬性指标

1）专业度。专业度是判断一家公司实力最重要的依据。你可能会问：面试的时候都是专业负责人问我有关专业的问题，我怎样才能了解企业的专业度呢。其实，专业度体现在很多方面，招聘网站上对岗位职责和岗位要求描述是否规范；HR在前期沟通及第一轮面试中是否专业，面试"必考题"都问过；专业负责人能否通过几个问题判断你的专业水平，这些都能体现公司的专业度。

2）经营情况。目前已经取消了造价资质，大中型咨询公司都有自己的官网，通过官网查询该企业的造价资质、发展历程、组织架构、长期合作客户及主要项目等信息。还可以查询该企业的基本信息、经营风险，从而判断企业经营情况是否正常。

3) 公司地址、规模、组织架构。公司地址是判断一个企业实力的重要依据。办公面积决定了企业规模，如果公司地址在核心商务区，说明企业利润可观。组织架构上，大多数大型公司有分公司或者办事处，组织结构越扁平越集权，沟通和决策效率越高。我曾经面试过一家咨询公司，面试过程很顺利，没有什么异常，面试结束后总感觉哪里不对劲。后来回想起来，是公司的办公环境让我产生了顾虑。公司在一栋旧式建筑里，是由酒店改造的办公楼，走廊里灯光昏暗，员工被分割在几个房间里，沟通不畅，由此产生了顾虑。另外，小公司通常没有专职的HR，老板直接面试，真应了那句广告语："找工作，我要跟老板谈"。

4) 长期合作客户及公司影响力。战略性合作客户说明企业的业务稳定，也能看出企业的业务类型。大型公司在业界具有一定的影响力，在未来求职过程中可以作为背书，增大求职成功概率。

5) 薪酬制度。正规企业都有自己的薪酬制度，咨询公司属于劳动密集型产业，这就决定了公司的主要成本之一是人工成本。咨询公司的薪酬制度主要有两种类型，一种是固定工资，或者是变相的固定工资，即老板根据你的能力定一年的工资，然后以各种形式均到每个月里；另一种是固定底薪加提成，有的公司固定底薪很低，更多靠提成，多劳多得。乍一听挺好，但是有一个前提条件：提成的计算方法要公平，不然的话很容易因为分配不均造成内部矛盾。另外，这种通过投入劳动时间赚取收入的方式更适合年轻人，等人到中年，精力下降、照顾家庭等因素，使得投入劳动时间减少，但收入要求却在提高，两者之间存在矛盾，显然这种薪酬制度对中年人并不友好。

（2）加分项

1) 企业文化。企业文化是一个公司逐渐形成的一种氛围，而不是看标语、喊口号。小型公司的企业文化就是老板文化，老板的个人品行决定了企业文化。大型公司则创造出一种归属感，去吸引同频的人。有的公司高效、人际关系简单；有的公司打造家文化；有的公司从心理层面提供更宽泛的工作空间。总之，企业文化是企业长期发展的润滑剂。那么，我们在求职过程中如何感受企业文化呢。可以通过观察员工的衣着、交流方式、行为举止、办公区域是否有标语等方面去体会。休闲装代表开放、展现个性；员工多数时间用在交流工作、走路风风火火代表高效；标语代表企业想灌输的文化。我见过一家企业墙上贴满了道德经、孔孟之道，代表企业对于国学的推崇。

2) 培养和晋升机制。培养和晋升机制是一个企业是否值得长期跟随的重要因素。小型公司是"一个萝卜一个坑"，你应聘的这个岗位，就一直干这个岗位的活。现代企业强调分工协作，这样可以提高工作效率，保持员工稳定，同时考察员工的归属感，通过大浪淘沙，找到愿意同企业并肩作战的战友。但员工提升速度慢，员工一直处在舒适圈中，能力上无法形成闭环，所以两三年内无法跳槽。有的公司则大胆启用年轻人，加快赋能速度，对于有个人主见的员工富有吸引力，更愿意跟随企业长期发展。

3）标准化、平台化、数据库。这一点是绝大多数咨询公司需要提升的方向。因为每个工程师受教育程度、工作经验、认知层面有差异，因此工作成果存在差异，更多依赖于个人能力。大多数公司在成果形式上能做到标准化，即有固定的模板，但计量、计价操作的标准化却很难，三级审核制度治标不治本，唯有将"规定动作"标准化，才能解决无缝对接信息对称，从而降低沟通成本。

为了解决异地协同办公、审批难的问题，大型公司会将业务放到平台上操作，这样可以解决时间、空间不同步的问题。目前有些公司并没有利用好平台，最终沦为形式。平台的另一个作用是将数据收集起来，为后面数据库的建立做好准备。

（3）禁忌因素

1）非正常加班文化。前面提到的是正向积极的因素，如同硬币有正反两面，咨询公司也有负面消极的情况。咨询公司经常会加班，但很多小型公司存在非正常的加班文化，比如：没有具体工作也要跟着加班，老板不走就不能下班。有的公司因为咨询费低，只有通过压缩项目完成时间、延长员工劳动时间来赚取利润，连续加班甚至通宵达旦司空见惯。加班有风险，面试需谨慎。

2）画饼式、洗脑式、绑架式说辞。每个学校都有一个教务主任，同样每个咨询公司都有一个面带微笑、和蔼可亲、说话滴水不漏的领导。他们的主要职责是保证公司运营的稳定，只是方式上有所不同。有的喜欢画大饼，许诺你未来的期许；有的喜欢搞洗脑式的"运动"；有的喜欢站在道德制高点上绑架员工。在求职过程中，如果遇到的话要保持警惕，避免丧失了基本判断。

5.5　如何求职造价咨询公司

刚入行的造价新人，大多数会选择造价咨询公司。一方面，这个行业的女性要比男性多，施工单位要驻场跟项目，而项目上工作环境比较艰苦；另一方面，造价咨询公司直接接触造价业务，有助于提升专业技能。既然如此，我们求职造价咨询公司要做哪些准备，又该如何面试呢，以下是我依据多年工作经验给出的建议，希望对大家有所帮助（图5-1）。

图5-1　造价新人求职流程

1. 从公司需求入手，提升硬核能力

一谈到求职，很多人的想法是：写好简历广撒网，中与不中看缘分。这样的求职态度未免显得过于佛系，拿到 OFFER 的可能性很小。公司与个人之间的雇佣关系如同商品买卖一样，站在求职者角度，先要了解公司对岗位职责、任职要求的需求，在现有工作中提升相关专业技能，为接下来跳槽提前做好准备。

具体该如何做呢。我们在招聘网站上搜索职位关键词，都会有岗位职责、任职要求、福利待遇等描述（由此可以看出该公司 HR 是否专业），岗位职责是对岗位工作内容的描述，任职要求是对应聘者的个人要求。

咨询公司招聘最多的岗位是造价员和项目负责人。

（1）造价员的专业能力

1）专业知识。识图、清单及定额计量、计价、软件使用（计量计价软件、CAD）、施工技术等。

2）职业技能。办公软件（OFFICE 等）、办公工具（打印机等）的使用。

3）职业素养。沟通能力、团队合作能力、学习能力、执行能力。

（2）项目负责人的专业能力

1）专业知识。项目管理中的专业知识（招标投标、合同、法规等）。

2）职业技能。报告书写、邮件书写。

3）职业素养。计划组织能力、协调能力、管控能力、谈判能力。

假如你是刚毕业或者转行的新人，可以依据造价员的专业能力深度学习；假如你是造价员，想提升薪资待遇，可以依据项目负责人的专业能力深度工作。做好准备后，当机会出现时，你就可以直接给出答案或者思路，这样会大大提高求职成功的概率。

正所谓"机会是给有准备的人"，某一项技能并不是没用，而是因为自己没有学会，所以根本看不到机会。蔡康永曾经说过："15 岁觉得游泳难，放弃游泳，到 18 岁遇到一个你喜欢的人约你去游泳，你只好说'我不会耶'。18 岁觉得英文难，放弃英文，28 岁出现一个很棒但要会英文的工作，你只好说'我不会耶'。"如果你现在月收入 3000 元，你可以用月收入 6000 元的岗位职责来要求自己；如果你现在月收入 6000 元，你可以用月收入 12000 元的岗位职位来要求自己。当你掌握这些专业技能后，薪资待遇自然就上去了。

2. 判断自身需求

正所谓"钱多事少离家近、位高权重责任轻"，虽然是句玩笑话，但每个人找工作都有自己的需求。有的希望公司有发展，有的希望自己能学到专业技能，有的希望在工作中找到自己的另一半。不管是什么需求，正如没有完美的人一样，同样也没有十全十美的公司，这就需要

我们对自身需求进行筛选，正需求和负需求各筛选 1~2 个，正需求就是想得到，负需求是怕失去，筛选出来的需求就是你目前的刚性需求。

我们该如何筛选自身需求呢？你可以用一张白纸，左边写下正需求，右边写下负需求，写到绞尽脑汁也写不出来的程度，接下来开始做减法，遵循自己内心的声音，左右各划掉一半需求，再划掉一半需求，直到最后两边各剩下 1~2 个需求为止。

值得注意的是，每个人在不同阶段的刚性需求是不同的，因此建议每次求职时做一次测试。之所以要写下来，是因为如果只停留在头脑中，我们很容易只关注正需求。另外，我们每次求职，看似是想得到某样东西，实际上更多的是怕失去某样东西。这就是行为经济学预期理论中提到的"厌恶损失"。卡尼曼认为，人们是厌恶损失的，损失带来的痛苦远大于收益给你的满足。在可以计算的大多数情况下，人们对"所损失的东西的价值"估计要高出"得到相同东西的价值"的两倍。人们的视角不同，其决策与判断是存在"偏差"的。人在不确定条件下的决策，好像不是取决于结果本身而是"结果与设想之间的差距"。也就是说，人们在决策时，总是会以自己的视角或参考标准来衡量，以此来决定决策的取舍。举个例子，如果企业每年工资上涨 5%，你可能会不以为然，甚至觉得涨 5% 还赶不上通货膨胀；如果将每周固定的下午茶取消，你内心的 OS 肯定是"领导怎么这么抠"。理性上讲，月工资 6000 元，上涨 5% 就是 300 元；而下午茶每周 20 元，取消每月只是损失 100 元，但后者明显比前者更痛苦。

（1）收入高。

（2）工作轻松。

（3）离家近。

（4）有师傅带或有学习成长机会。

（5）有发挥个人潜能和晋升机会。

（6）少加班，有稳定的属于自己的时间。

（7）人际关系简单，有良好的企业文化。

以上是常见的正需求，大家可以自行测试。

了解企业和个人需求后，整个招聘过程就是多个企业和多个求职者之间关于收益和成本的博弈过程。作为求职者，如何才能在求职中保持竞争优势呢？

$$求职系数 = 可提供价值/人工成本$$

可提供价值和专业水平正相关。也就是说：人工成本相同，可提供价值高；可提供价值相同，人工成本低；人工成本略高，可提供价值很高。

当出现这三种情况，求职系数均为正，相对求职成功概率更大。当求职系数大于行业平均水平时，求职成功的可能性大。结合个人的正需求，第二种情况是我们不愿意看到的结果，而第三种情况是我们想看到的结果。下面我们在第一种情况下探讨保持专业水平超过行业平均水平的方法。

你可以将上面提到的企业需求理解为达到行业平均水平所对应的专业水平，满足这点有两种方法：一种是用更短的时间达到该专业水平。例如：别人用三年的时间能做到计量又快又准，你用两年的时间就能做到，这样你就有了一年的先发优势，可以提前学习计价。另一种是具有不可替代的核心竞争力。

说到核心竞争力，不得不提到长板理论。大家都听说过短板理论，意思是说人不能有明显的短板，短板决定了你的最终水平。其实，通常情况企业用的是每个人的长板，至于短板，则依靠分工协作补强。特别是互联网时代，只有有了长板优势，别人才能跟你合作，从而为职业发展提供另一种可能。单一优势无法形成长板优势，叠加优势更具核心竞争力。例如：你的英语很好，教少儿英语，同时绘画是你小时候的兴趣，虽然一直没有用过，但也没有扔下。英语好的人很多，绘画好的人也很多，但两者相叠加，做得好的人并不多，这就成为了你的长板优势。你可以在教学中添加绘画元素，让小孩子更喜欢你的课；可以给少儿英语自媒体绘制插画；甚至可以做出属于你的英语绘本。这样就能从专业上做到人无我有，人有我优。

另外，提到核心竞争力，一定要有个比较对象。这个对象可能是人，今后也可能是机器人。理性具有标准化的劳动容易被人工智能所取代，相反，感性富有创造性的劳动反而不容易被取代。

3. 寻找渠道，更新简历

分析完彼此需求，接下来我们需要寻找招聘渠道。

（1）咨询公司的招聘渠道

1）校园招聘会、社会招聘会。校园招聘会是实习生和应届毕业生求职的首选。对于名校，大型企业每年都会安排宣讲，招揽优秀人才；对于普通高校，校园招聘会更多是校友和学校之间的合作。一方面培养出来的员工忠诚度更高，同时帮助母校解决毕业生就业问题，一举两得。社会招聘会属于传统招聘渠道，由于招聘公司良莠不齐，只能作为备选。

2）招聘网站。招聘网站分为面向基础岗位和中高端岗位的网站。在网站选择上，把握以综合性网站为主，垂直性网站和地方性网站为辅的原则。基础岗位的招聘网站有智联招聘、BOSS直聘、建筑英才网等。中高端岗位的招聘网站有智联卓聘、猎聘网等。

3）熟人推荐。熟人多了好办事，有熟人推荐，一方面可以提高招聘信息的准确性，另一方面可以提高求职成功的可能性。特别是35岁以上的中层管理者，传统的招聘渠道已经无法提供适合的岗位，猎头公司往往匹配性不强，熟人推荐效果更好。因此，在职场中要经营自己的人脉，这点非常重要。

4）猎头公司。猎头公司属于中介性质，面向中高端岗位，不同公司专业度差别很大。与猎头公司沟通时，需及时了解咨询公司的具体需求，以免因为信息不对称浪费彼此的时间。另外，在工作中结识几个猎头朋友很有必要，可及时提供招聘信息及行情。

找到适合的招聘渠道后，接下来我们开始写简历。

（2）写简历原则及注意事项

写简历的原则：

1）及时更新、及时调整。首先，并不只是投简历时才需要更新简历，更新简历一方面为了了解市场行情，另一方面更容易让猎头、HR发现你的职业连续性，以每半年更新一次简历比较适中。另外在求职期间，针对不同的公司调整简历，突出重点，这样更有针对性，可以增加邀请面试的机会。

2）尊重事实、适度修饰。简历内容要实事求是，HR每天阅人无数，能力强的专业负责人，往往几句话就能看出简历中是否"掺假注水"，因此写简历时不要抱着侥幸的心理。而造价具体工作又很枯燥，总觉得没有什么可写，好不容易写出来，内容总是干巴巴。适度修饰能给简历加分，修饰并不是弄虚作假，而是突出自己工作中的亮点。HR看一份简历通常只有几十秒，如果都是千篇一律，很难吸引HR的注意。你可以通过一件小事展现你在某个项目中发挥的作用，也可以通过数据展现分析和逻辑思维能力，让HR更愿意见面聊聊。顺便说一句，修饰并不是形式上的包装，造价属于传统行业，HR更喜欢简单明了的表现形式，过分包装导致无法突出重点，反而适得其反。

3）项目优先、数据优先。在简历工作经历一栏中，除了描述过往工作经历的基本信息，更要突出展示自己参与了哪些项目，项目的概况，自己担任的职责，以及完成哪些具体工作。这样HR可以看出面试者与招聘岗位的匹配性，以及面试者是否具备归纳总结能力和数据分析能力。如果是应届毕业生，更要突出实习经历，可以列举在学校内参与学生会、社团、班级的事情，展现自己的组织协调能力。

写简历的注意事项：

1）个人信息。个人信息中的照片应为近期半身职业照。常见的问题：一种是没有附上照片，另一种是照片为生活照。无论哪一种情况，都会让HR认为求职者态度不端正，从而放弃进一步沟通的意愿。

2）求职状态。求职状态有随时到岗、月内到岗、考虑机会、暂不考虑四种状态。建议优先选择考虑机会，其次选择月内到岗，不要选择暂不考虑，谨慎选择随时到岗。

随时到岗有种迫切找到工作的心态，HR会有意压低薪资待遇。

月内到岗比随时到岗好一些，如果近期必须找工作，可以选择这项。

既然是为了找工作，就不要选择暂不考虑。

考虑机会是抱有骑驴找马的心态，有适合的机会更好，没有的话也不会有损失，这样对求职者比较有利。

3）求职意向。求职意向中有两个问题需要说明。

一是期望薪资。期望薪资是由行业、区域、公司、职位、个人竞争力五个维度决定的。造价行业的平均薪酬在所有行业中属于中等水平；区域则是根据一~四线城市决定的，北上广深薪酬水平较高，浮动差也较大，二~四线城市薪酬相对平稳；公司规模大、属于行业上游企业的薪酬水平较高；职位越高薪酬水平越高；个人竞争力是指如果你有某项技能是企业所稀缺的，你就具有不可替代性，具备跟企业谈薪资的筹码，待遇自然低不了。个人建议依据自身五个维度的综合实力给出合理的期望薪资，以便用人单位提前了解薪资需求，避免浪费不必要的时间。求职者需要了解自己现有专业水平在行业中的收入水平，建议期望薪资填写面议或者在现有工资基础上提高20%。

二是求职状态，HR通常会依据求职状态是否紧迫调整谈薪资的策略，要让HR感觉你在"骑驴找马"，你在寻找更好的平台，你手里握有几个offer，这样你在面试谈薪资时更有主动权。不然，HR认为你迫切要找到一份工作，进而给出偏低的薪资水平。因此，不到最后谈薪资时切记不要亮出自己的底牌。最好的办法是面试表现良好后，再给出期望薪资，这样会增加谈薪资成功的概率。

4）工作经历。工作经历应按时间由近及远填写。应届毕业生重点填写实习内容，最好有实操项目并复盘总结，或者可以用三言两语写一件事，体现自己具备从事造价工作的潜能。从业者则重点填写在以往公司所做的工作内容，以项目为主，突出职责和完成内容，可依据应聘职位的岗位要求填写。

5）教育经历。教育经历按时间由近及远填写，通常仅填写最高学历即可。应届毕业生可以写获得奖学金情况，在学生会、班级担任职务等信息，突出自己个人能力，切记不要罗列所学科目。

6）培训经历。培训经历应填写与造价相关的培训经历，可以是协会、公司内部、学校、培训机构等组织的培训。

7）专业技能。专业技能主要填写计量、计价、CAD、OFFICE等软件操作水平。

8）证书。应届毕业生主要写CET4、CET6、驾驶证、BIM等。从业者主要写造价师、建造师、职称等。切记要列举有含金量的证书，不要罗列太多与造价无关的证书，毕竟企业更看求职者与专业相关的学习能力。

9）个人评价。个人评价是为了突出个人性格特点，比如：细心、有责任心、逻辑思维能力强、沟通能力强等，用言简意赅的语言描述，尽量贴近职业特点。不建议用大段笔墨写希望企业给予工作机会的励志文，企业录用的关键在于应聘者能否给企业创造价值。

4. 筛选公司，投递简历

如果你能看到这里，相信你已经看过"如何判断造价咨询公司的好与坏"这一节了，这里就不再赘述了。

5. 面试流程、技巧及注意事项

咨询公司的面试流程为：初试（HR面试、专业负责人面试）、复试（公司领导面试）。咨询公司一般不会有专职的HR，都是行政兼人力资源的工作。小型公司通常由公司领导直接负责面试专业。面试完1～3个工作日会通知下一轮面试或录取结果，没有收到通知说明未被录用。

（1）面试技巧。HR面试，目的是了解求职者的基本面，你要表现出一个积极主动、充满正能量的职场人形象。HR会问一些"必考题"（参考第12章相关内容），例如：自我介绍、工作经历及离职原因、婚育状况、期望薪资等。离职原因建议回答家庭原因或者个人职业发展需要。跳槽不要过于频繁，以3年以上为佳，确保每份工作有完整的项目经历。谈薪资时，首先根据五个维度确定期望薪资的底线，在此基础上提高20%作为谈判的空间。成熟的公司都有自己的薪酬体制，不会因为一个人改变。如果底线和制度之间有交集，说明求职者和企业之间可以谈薪资。

专业负责人面试，目的是明确求职者的专业能力，回答要客观、言简意赅，对于不懂的问题，要表现出积极好学的态度。

公司领导面试，除非求职者面试的是中高层管理岗位，通常只是招聘流程的一部分，只需表达想加入公司的愿望即可。

（2）面试注意事项

1）遵守时间。如因特殊原因无法参加面试，需提前一天通知。即使已经有了意向公司，不去参加面试也要告知，因为造价行业圈子很小，特别是在同一城市，要维护好自己在行业中的职业形象，不要把自己的路走窄了。

2）衣着以职业干练为佳，即使不穿正装也不要过于休闲。

3）说话言简意赅、举止文明。组织好语言，问什么回答什么，切记不要侃侃而谈。注意细节，例如，进屋敲门、随手关门、使用礼貌用语等，要有职场人的自我修养。

4）精心准备的自我介绍会给面试者留下好的第一印象。常用的自我介绍有三类：

第一类是标签类，多用于名片、个性签名，用概括性的词语表达从事的职业和方向。例如，我自己的标签：造价咨询公司技术负责人、注册造价师、广联达造价圈签约作者、造价从业者成长教练。

第二类是介绍类，常用于初次见面，这时你有15秒钟的时间。你需要说明三个问题：我叫什么，我是谁，我能做什么。这样可以让对方在最短的时间认识你，并与你产生链接。

第三类是面试类，通常有1分钟左右的时间，作为造价行业的面试，重点需要说明从业经历、专业方向、所做项目、担任职责和完成内容，特别是最近一份工作的情况。在面试前做好充分准备，会给 HR 留下良好的第一印象。

5) 无论简历还是整个面试过程都应做到诚信。诚信是公司最为看重的品格，一旦发现有简历造假的行为，不但影响本公司的录用，还很有可能上了行业"黑名单"，直接影响今后的职业生涯。

6) 遇到不会的问题应如实回答，可以回答以前接触过，但没有深入实操。切记不要胡乱猜测。

5.6 如何找到好师傅

造价新人刚参加工作，会遇到各种各样的问题。如果能遇到一个好师傅，不但能教授造价专业技能，更重要的是能让新人少走很多弯路。而现实情况是新人都想找好师傅带，但是有经验的成手往往不想带徒弟，这是为什么呢？

1. 没有时间带徒弟

现代商业运行存在一个自然规律：任何一个行业，经过萌芽期、高速发展期后进入到平稳期，这时企业之间的竞争加剧，必须提高产品、服务质量，降低价格来获取业务。当产品质量、服务水平相当时，企业之间的竞争逐步转变成价格战。企业通过加强管理、控制成本来获取利润，随着人工成本逐年上涨，势必要采取增加劳动时间、提高劳动强度等手段来提高人均产值。有经验的成手进入周而复始的业务循环中，确保在短时间内产出效益，没有时间和精力去做带徒弟等能给企业带来长期效益的事情。造价行业也是如此。

个人建议徒弟每天将学习、工作中遇到的问题集中起来（影响工作进度的问题除外），定时定点请教师傅，避免影响师傅工作的连续性。

2. 教会徒弟饿死师傅

企业为了提高产品、服务的质量，必须打造属于自己的壁垒，使得其他企业无法模仿，亦或是人无我有，人有我优。职场人也是如此，为了提高收入，需要让自己具备核心竞争力。在同一企业，有些老员工为了获得老板重用，在专业上保持领先优势，不愿意将核心技能教给徒弟，担心教会徒弟饿死师傅。趋利避害是人的天性，有这种想法的人不在少数。

个人建议徒弟平时做到三勤（眼勤、口勤、腿勤），学会适当示弱，主动帮助师傅做一些力所能及的事情，以缓和师徒之间的竞争氛围，让师傅更愿意带你。

3. 徒弟悟性不高

造价行业虽然入行门槛不高，但是师傅还是更愿意带悟性高的徒弟。师傅很容易就能看出新人适不适合从事造价行业。除了耐心、细心、责任心等基本素质外，还要有良好的逻辑思维能力。经过一段时间的培养，师傅就能看出徒弟将来能有多大发展。有的一点就透；有的教几遍都不会，加上自己不主动学，师傅逐渐失去耐心，不愿继续带下去。

个人建议徒弟要做好从学生到职场人的身份转变，对待工作要有责任感，虚心请教，积极主动，即使悟性不高，师傅看徒弟愿意下苦功夫，便不会放弃你。

4. 师徒之间存在代沟

师徒之间往往会有一些年龄差距，由于家庭、教育、工作经历不同，师傅往往显得更成熟，而刚毕业的新人年轻气盛、心态浮躁，从事造价专业本来就要耐得住寂寞，经得起诱惑，这使得师傅常常看不惯新人。除了工作，师徒之前也没有有效沟通作为润滑剂，师傅不愿意带徒弟也在情理之中。

同样，按照第二点的建议去做，将会改善师徒之间的关系。

5. 无法平衡收入

职场中的每个人都在为了收入奔波，相比较年薪、月薪，我们更应该看重日薪、时薪。尽量争取在固定时间获得更多收入，提高自己单位时间产出的价值，或者获得相同收入用时更少。对于有经验的成手来讲，抛开人情价值的因素，带徒弟无法直接创造价值，肯定不划算。

另外，因为新人收入不高，所以不愿意在学习上投资，这种观点并不利于学习。如果不愿意在学习上投资金钱，那就投资时间、执行力。当然，如果投资了这两个，大学四年足够学好造价理论知识了，也就不需要找免费、低价教学视频了。当你没有投入时间和行动在学习这件事上，免费往往是最贵的，免费贵在你要花时间去寻找免费产品。而低价意味着海量低质同质产品，你要投入时间去甄选最优课程。两者都不是为了学习本身，从而迟迟无法开始学习。

同样，无论是哪一种知识传授形式，看一个老师好不好，关键看老师投入多少时间和行动在教学本身，而不是老师被割韭菜学习怎么教，再去割学员的韭菜。

相反，遇到好老师，如果能给予一定的经济支持，能够激励老师更好地教下去。

6. 人情因素

中国是一个人情社会，上面提到付费的情形，更多是建立在彼此不熟悉的前提下。现实中，如果在同一个公司，每天抬头不见低头见，慢慢熟悉了，师傅就不好意思明码标价衡量这份师徒情谊了，逐渐恢复到无法平衡收入的状态。另外，很多徒弟刚学会皮毛就跳槽了，并不会真心对待这份师徒情谊。因此，很多师傅碍于情面保持着师徒关系，但不会那么上心去教。

正所谓一日为师，终身为父，师傅言传身教，徒弟才得以安身立命。即使将来另谋高就，也不要忘了师徒情谊。

总之，造价新人该如何找到一个好师傅呢？一方面，要有做徒弟的样子，积极主动，虚心请教，愿意帮助师傅做一些力所能及的事情，让师傅从心里愿意带你；另一方面，如果能给予师傅一定的经济补偿，让师傅将真传教给你，这些真传将带来十倍百倍的回报。学习造价，先从当一个好徒弟开始。

第 6 章 个人成长与管理

6.1 个人成长

小白经过简历筛选、初试、复试等层层过关,终于迈进咨询公司的大门。那么接下来,又该如何成长、升级打怪呢?我将从学习动力、专业层级两个方面来谈谈在咨询公司的个人成长。

1. 学习动力

说到个人学习,刚入行的小伙伴最常见的问题是:我该如何学习造价。

经历初高中时期的填鸭式学习,大学时期的严进宽出,面对社会浪潮的应届毕业生并没有真正学会如何学习一门新知识。进入公司后,接触的知识都具有实操性,跟大学学习的知识有一定的脱节,什么都想学,却又理不出头绪,不知如何下手。这种焦虑使得造价新人盲目追求学习捷径,却忽略了任何一个领域的学习,都需要持续做事才能获得,三年略懂皮毛,五年有所小成。与其追求捷径,不如潜下心来搞清楚:我们要找到实现最终目标应该具备哪些能力,如果说你想晋升到某个职位,你可以通过招聘信息获取职位要求。例如:如果你想从事技术方向,可以多从数据积累、计量计价实操技巧等方面学习;如果你想从事管理方向,可以多去思考如何运用资源完成目标;如果你想从事经营方向,多观察公司是如何运营的,这样会对你有所启发。再或者说,如果说你想成就一番事业,你可以从该领域的前辈身上去寻找事业方向。

收集完能力后,我们要将所需能力分解到长、中、短期计划中。技能性能力学习周期短,后期通过实践巩固提高,可以安排在短期计划中;沟通能力将伴随整个造价职业生涯;而综合解决复杂问题的能力需要具备一定的专业基础,建议放在中、长期计划中。

有了行动力和技能方向,怎样才能更好地学习呢?好的方法是把核心技能连同对应知识共同学习,以一年为时间周期,通过理解–练习–验证–调整四个步骤,达到运用的目的,反复循环得到提升。

在学习过程中，很多初学者会有个误区——只学习技能知识，忽视理论知识。任何一门学问，都有其理论基础。即便是应用型学科，同样也有其"道"，造价师考试教材的内容可以说是造价行业的"道"。很多造价从业者特别是转行造价的人，不重视理论学习，到了中年需要提升的时候才发现这个问题，从而遭遇了职场危机。职场中年人拼的是综合能力和资源，综合能力包括管理能力、沟通能力、处理复杂问题的能力等，如果跟年轻人拼体力、操作速度和学习新事物能力，没有任何优势可言。而这些综合能力都跟理论基础分不开，所以造价的理论学习至关重要。

2. 专业层级

有了学习动力后，我们就具备了学习造价知识和技能的能力。但即便如此，这才仅仅是第一步。在造价职业生涯这场马拉松中，为什么每个人的前途、收入会有天壤之别？除了成长动力和学习技能之外，很大程度上取决于到达专业层级的不同。

曾经有一位大学老师在毕业答辩时说过："造价职业生涯中，除了要低头拉车，还要抬头看路。"我理解所谓的抬头看路，就是要时刻关注自身在企业和行业中的位置，不低于同等年限的平均技能和收入水平，这样才能有更好的发展机会。咨询公司的行业平均水平如下（表6-1），这里面的每一级造价职场人都将经历，不能跨越，提高认知的目的，是为了压缩每一级的时间，该走的路一步也少不了，这就是所谓的成长没有捷径。

表6-1 某市工程造价待遇及必要技能

级别	职位	工作内容	工作技能	知识储备	待遇
4	项目负责人（5~10年）	全过程造价咨询	具有计划、组织、协调、控制的能力，对项目全过程造价整体把握的能力	全过程造价理论	8~10k
3	造价工程师（3~5年）	计量、接触计价和项目	计量、计价（不限于软件）	计价理论知识、规则（清单、定额）、软件	6~8k
2	造价员（1~3年）	计量	计量（不限于软件）	识图、CAD、计量规则（清单、定额）、软件	3~6k
1	新人（半年或1年以内）	打印、拿资料、做表格	耐心、细心、靠谱	为人	2~3k

从表6-1中可以看出，在咨询公司如果30岁还不能做到项目负责人，35岁还不能做到部门负责人，以后的职业发展就会很受限制，这也是我在职业生涯规划中所提到的30/35理论。

那么，在职业生涯不同阶段应该具备哪些技能，又该如何掌握呢？

第一阶段　新人阶段（0~1年）

新人刚从学校毕业或者刚转行，专业上还不能独立完成单项工作，公司更看重的是新人的发展潜力和素质。那么，作为造价新人，应该具备哪些职业素养呢？

首先是积极上进，在专业上是否有钻的态度。不管是出于兴趣，还是迫于生活压力，能够做到主动学习，从学习速度和效果上都会好很多，这样距离造价入门就更近了一步。领导会观察新人是否有主动学习、主动沟通、主动提问、主动帮忙的意愿，对于有主动性的新人，会逐渐安排一些打杂的事，例如：做表格、打印、盖章、送资料等。

打杂往往是简单、繁琐的事情。如何把这些小事做好呢？这需要踏实肯干的态度，同时需要有耐心、细心、责任心。不要眼高手低，而是应该从小事上总结工作方法。新人经常会出现做表格不注意排版，别人还需要二次加工；打印不注意预览，造成纸张的浪费。而盖章则是让新人熟悉公司的申请盖章流程；送资料是为了熟悉甲方办公地点、注意沟通方式等。

那么，上面这些新人应该具备的素质该如何培养呢？看似是提高职业素养的问题，实际上是解决"是否下定决心走造价这条路"的问题。时间充裕了容易胡思乱想，而反复比选又会浪费大量时间，始终无法做到真正开始。直到有一天你不再瞻前顾后，斩断后路，自然会去提升素养，以便让自己看起来更加职业。

第二阶段　造价员（1~3年）

当新人可以建模计量后，就能为企业创造价值了。而从刚刚学会计量到计量成手，又需要具备哪些能力呢？

复杂图纸的识图能力、掌握各构件工程量计算规则、快速的软件操作能力、准确的手算能力，用四个字概括是"难、全、快、准"。这些是必不可少的，同时还需要具备团队协作和沟通能力。

这些能力又该如何掌握呢？

首先，我们可以在工作中学习，即：在容错的环境下不断实战，解决出现的问题，总结、积累，提升建模计量技能。

其次，同事之间可以通过教学相长学习，正所谓教是最好的学，当你能把一个知识点、一项技能讲出来的时候，就说明长本事了。

另外，凡事多做一点、多积累一点，在计量这条路上会走得快一些。例如，主动收集计量过程中的问卷及设计回复，一方面可以避免信息的遗漏，另一方面可以帮助到同事，对未来承担更大的职责是有好处的。积累计量技巧、工程量含量数据，收集自己的知识库、数据库，并且不断地补充、完善、修正，这些会伴随你整个造价职业生涯。

第三阶段　造价工程师（3~5年）

当你进入这一阶段，你会发现除了书本的计价知识外，实操更具有多样性。既可以用软件也可以用表格；既可以是定额+信息价，也可以是控制价、市场价、企业定额、战略价、成本价等；甚至连列项的工作内容也不同于国标清单，进行了拆分、组合。这就需要对价格有一定的把握。我们可以借鉴其他项目的清单格式、列项、描述，学习规避清单漏项的小技巧；通过模仿并结合项目情况灵活运用，多参考同时期项目的价格水平，对这些知识点、小技巧做好积累，用不了几年，你也可以成为计价成手。

第四阶段　项目负责人（5~10年）

项目负责人阶段应该具备哪些能力，又该如何掌握？我们将在"如何获得全过程造价的驻场机会"这一部分做详细介绍，这里不再赘述。

另外，如果项目负责人再往上发展，需要有几个必要的因素：注册造价师、带团队经验、长期追随公司成长。有了这三点，你才有机会成为公司重点提拔对象，往管理层方向培养。

个人成长路径总结如下：

1）成长动力——持续做事。

2）学习技能——理解、练习、验证、调整。

3）专业层级——点、线、面、体。

寻找被利用的价值（点）——看人磨性子；

寻找可输出的价值（线）——站稳脚跟的一技之长；

寻找不可替代的价值（面）——你无我有，你有我优；

寻找助人成长的价值（体）——成就别人，达成自己。

4）职业方向——职业生涯魔方+X。

职业生涯魔方由公司路径、职业方向、职位层级三个方向组成，X代表造价专业以外的方向。

总之，咨询公司的个人成长中，成长动力、学习技能、专业层级、职业方向四者缺一不可，明确了这些，就如同拨开了大脑中的层层迷雾，从而可以轻装上阵。加油吧，为了你的个人成长开始行动！

6.2　目标管理

我们知道了咨询公司的个人成长理论，要想胜任咨询公司高强度的工作，又该从哪些方面做好管理呢？

管理按照不同对象分为：针对任务的管理，即目标管理；针对自我的管理，即时间管理、精力管理；针对信息的管理，即沟通管理、信息管理。

其中，精力管理是通过提升自己的精力，从而达到延长做事时间、提高单位时间做事效率的目的。主要方法是通过锻炼提高体能。现在世俗意义上的成功人士特别注重锻炼，因为一份事业能够长时间地做下去，除了商业因素外，持续力是很重要的一方面。只有这样才能应对每天高强度的工作、才能看到几十年后不一样的"风景"。因此，任何想做成事的人从现在起都需要将锻炼纳入到生活中来，从而获得这份"长期资产"。

除了精力管理，其余被称为管理四要素，可以通过长期练习获得提高，从而达到提升工作效率的目的。我们先来谈谈目标管理。

1. 什么是目标管理

目标管理是指如何将复杂任务进行分解，并逐一完成子任务、执行出结果的过程。

首先，每项任务的起始标志是什么，是从接到任务开始吗？确切地说，应该是从该项任务或子任务具备完整资料开始进入目标管理的，否则就无法开展工作，目标管理更无从谈起。

那么，每项任务应该具备哪些资料呢。我们以咨询公司常见任务类型为例，归纳见表6-2。

表6-2 造价工作目标管理任务

序号	任务类型	准备资料
1	测算	测算方案等
2	清单及参考价	招标文件及图纸等资料、甲方具体要求等
3	清标	商务标投标文件、参考价等
4	重计量	合同、合同清单、施工图纸、施工单位申报重计量资料等
5	进度款	合同、重计量清单、施工图纸、形象进度确认单、施工单位申报进度款资料等
6	签证变更	合同、合同清单、施工图纸、签证变更单、施工单位申报签证变更资料等
7	结算	合同、重计量清单、施工图纸、签证变更资料、施工单位申报结算资料等

2. 目标管理的特点

（1）目标管理的动态性。每项任务分解为若干个子任务后，根据完成时间节点要求，合理安排在时间坐标轴下。随着时间的进行，已完成任务退出目标管理，与此同时，又有新的任务添加进来，成为目标管理的对象。

（2）目标管理的时效性。每项任务都是整个项目中的一个环节，为了保证整个项目的总建设周期，每项任务都需要在规定时间内完成，没有时效性的目标管理毫无意义。当一项任务的工作量一定时，时间资源跟劳动力资源成反比，时间的多少决定了我们需要将分解的子任务分配给多少人去完成。这点在安排工作上至关重要。

（3）目标管理的结果导向性。与时效性相对应的是目标管理的结果导向性。这里的结果导向性不单单指的交付成果，而是交付高质量的成果。这两点是咨询公司立足市场的根本，咨询公司的内部管理也是以这两点为基础，降低单位任务所占用的时间资源、劳动力资源，从而实现利润最大化的过程。

3. 如何进行目标管理

以上我们更多是站在单项任务的角度来谈目标管理。通常情况下，部门负责人已经按照完成时间将子任务分配给了个人，我们又该如何做好自身的目标管理，确保整个任务目标的实现呢？下面以总包重计量为例来讲解。

（1）拆解子任务。当部门负责人下发了总包重计量的任务分配表后，我们需要对子任务进行拆解，例如：将1#计量拆解成钢筋、图形、零星计量三部分，钢筋计量又可以拆解成基础、梁板柱墙、节点计量等。拆解完成后，结合重计量时间段自己已有任务，将拆解后的任务安排好。接下来就可以开始计量了。

（2）保证前置条件。在计量的过程中，要时刻注意保证计量前置条件的充分性，即已有资料是否具备计量的条件。因为图纸或多或少会存在设计不明确的地方，有些共性问题导致计量中断，直接影响计量进度。这就需要我们在拿到施工图资料后，先进行初步审图，发现图纸中可能存在的重大问题，并及时提出问卷后再开始计量。在计量过程中及时追踪问卷回复情况，对计量搁置部分进行调整。这样能最大程度保证重计量的有效时间。

（3）跟踪完成情况。这里我推荐使用便签法。使用便签的目的是提醒自己当天需要完成的任务，做到今日事今日毕，绝不拖延造成任务积压。好记性不如烂笔头，看似方法简单，其实最为有效。因为咨询公司业务具有叠加性，无法按照单个项目线性安排工作，随时需要对任务和时间进行调整，因此便签法的优势就显而易见，我们只需要按照便签的内容逐条完成即可。

目标管理是咨询公司从业人员的基本功，同时也是时间管理的前提条件，做好目标管理，无论对工作还是对个人都是大有裨益的。

6.3 时间管理

前不久，小白的同事小张跟她抱怨：自从来了公司总是加班，自己并没有闲着，积极工作，却永远也干不完，陪孩子的时间都少了。听她这么一说，小白想了想确实是这么回事。每天下班后几乎都能看到她，她并不是项目负责人，只是普通的造价人员，而那些带一个甚至几个项目的负责人也并不是天天加班。其实是小张的时间管理出了问题，那么，造价职场人该如何进行时间管理呢？

什么是时间管理？时间管理是指通过事先规划并运用一定的技巧、方法与工具实现对时间的灵活以及有效运用，从而实现个人或组织的既定目标。

而商业的本质是依靠现有资源，持续创造价值带来利润的同时，追求更高投资收益率的过程。其中人力资源是很重要的资源。说到个人，就是如何在固定人力成本的情况下，充分利用时间创造价值，或者在具有激励性的薪酬体制下如何创造更多价值。因此，如何统筹安排员工时间、不间断分配工作任务成为中层管理者重要的管理能力。

既然工作像流水一样无法在某一时刻终结，那么我们该如何安排时间，为自己创造足够大的"工作空间"就显得格外重要，不然日积月累的工作会压得你喘不过气来。如果不考虑领导恶意安排工作，员工消极怠工等因素，我们该如何做好时间管理呢？

一谈到时间管理，我们就会想到紧急 – 重要四象限法，这是根据帕累托原则（二八法则）延伸出来的。但这种时间管理方法是在工业时代的大背景下提出的，工业时代的特点是信息有限、传播迟缓、固定时间、逐层接收。而移动互联网时代的特点是信息爆炸、高速传播、永远在线、随时干扰。当收到一条信息时，你无法判断这条信息是否紧急重要，可能是一条合同签约信息，也可能是一条垃圾广告信息，除非你停下来去查看它。

既然如此，在移动互联网时代下，我们应该具备哪些时间管理能力呢？

1. 过滤信息能力

每天 8 小时工作时间，被很多无关信息充斥包围着，它们可能是广告电话、软件推送信息、快递信息、朋友圈信息、即时通讯消息等，这些都是吞噬时间的杀手，无时不刻不在抢占我们的注意力。只有过滤掉这些信息，减少中断点，才能更加有效的利用时间。

2. 拆解工作能力

造价工作是综合性的脑力劳动，很多工作需要拆解成几个步骤。哪些工作可以独立完成，哪些工作需要同事配合，配合介入的时间，是否需要领导协调，这些都需要我们在开始工作前思考清楚并做出安排。

3. 碎片整合能力

有些工作（多以沟通性工作为主）虽然占用时间不长，但是会中断整块时间，延长重启时间，无法持续高效工作。我们可以将这些同类型的工作整合起来，以半天或一天为周期，集中在半个小时完成，这样会节省不少时间。

4. 多线程工作能力

我们在工作中常常遇到同一时间段有多个任务叠加的情况，这就需要具备自由转换任务的能力。做一个任务的同时，保证多任务在线，就像电视频道一样能做到随时切换。

具备了上述能力，作为造价职场人该如何管理工作时间呢？

（1）减少手机干扰

1）让手机远离自己或放在视线范围之外，增加接触手机难度。

2）控制 APP 数量，减少信息来源。

3）关闭不必要的微信功能、设置群消息免打扰，减少信息数量。

4）对于非紧急、重要的信息，可以收集起来统一回复。

（2）三个"五分钟"

1）上班坐地铁或公交的路上，用 5 分钟时间思考今天工作的完成思路。如果没有思路的话，优先寻找模板或请教大牛，从而解决技术上的难题。

2）每领到一个新任务，用 5 分钟时间判断能否解决，如果能解决马上完成；如果不能解决，给出完成思路后放入任务箱中。

3）每间隔 1~2 个小时，用 5 分钟时间休息放空自我，为接下来继续工作调整好状态。

（3）任务箱。放入任务箱中的任务，根据不同的工作性质进行分割，如表 6-3 所示。

1）紧急、独立的工作：测算、进度款审核、清标。

2）非紧急、独立的工作：计量、清单及控制价、变更签证审核、结算、调整表格。

3）沟通的工作：询价，打电话，回邮件、信息，出件审核。

将上述任务安排在时间坐标轴上，优先安排紧急、独立的工作，其次是非紧急、独立的工作，合并沟通的工作穿插其中，不断添加新增任务、移除已完任务，随时间动态调整。

表 6-3　时间管理任务箱

	A	B	C	D	E	F	G	H	M	R	W	AB
1	2021年			第01周								
2	任务编号	任务内容	子任务内容	星期一				星期二	星期三	星期四	星期五	
3				8:30-10:00	10:00-12:00	13:30-15:30	15:30-17:30	完成情况	完成情况	完成情况	完成情况	完成情况
4	1	xx项目xx工程施工图预算	算量									
5			组价									
6	2											
7												
8	3											
9												
10	4											
11												
12	5											
13												
14	…											
15												

在两段相邻整块时间的安排上，可以选择不同工作性质的内容，这样可以减少脑力疲劳，这种休息法叫作莫法特休息法。《圣经新约》的翻译者詹姆斯·莫法特的书房里有 3 张桌子：

第一张摆着他正在翻译的《圣经》译稿；第二张摆的是他的一篇论文的原稿；第三张摆的是他正在写的一篇侦探小说。莫法特的休息方法就是从一张书桌搬到另一张书桌，继续工作。

"间作套种"是农业上常用的一种科学种田的方法。人们在实践中发现，连续几季都种相同的作物，土壤的肥力就会下降很多，因为同一种作物吸收的是同一类养分，长此以往，地力就会枯竭。人的脑力和体力也是这样，如果每隔一段时间就变换不同的工作内容，就会产生新的优势兴奋灶，而原来的兴奋灶则得到抑制，这样人的脑力和体力就可以得到有效的调剂和放松。

总之，时间管理的方法就是：排除外界干扰，增加短时决策，拆解工作内容，保证整块时间，归纳同类工作，拼凑碎片时间，穿插动态调整。当然，我们需要在实际工作中打磨出适合自己的时间管理工具，不妨现在就开始制作属于自己的"任务箱"吧。少加点班，多留一点时间给自己。

6.4 沟通管理

为了更好地开展造价咨询工作，针对不同的沟通对象，采用合理的沟通方式，从而达到想要的沟通效果，称为沟通管理。

1. 沟通对象

沟通按照对象不同分为对内和对外，对内又分为横向和纵向。在造价咨询公司中，工程师沟通的对象有组长（或专业负责人）、项目负责人、工程师同事、施工单位预算人员；项目负责人沟通的对象有甲方成本负责人、总工、造价咨询部负责人、组长（或专业负责人）、工程师同事、施工单位商务人员、预算人员。

2. 沟通形式

沟通按照形式不同分为会议、邮件、电话、微信、QQ 群等，形式上从正式到非正式、效力上从强到弱的顺序排列。

在造价咨询工作中，有一种常见的沟通形式——对量。对于造价人员来讲，对量工作的综合素质要求很高。

（1）坚定的信仰——站在委托方利益的立场。

（2）过硬的心理素质——无论施工单位人员的专业能力、性格如何，都不会影响对量工作的推进。

（3）合理的知识结构——没有明显的知识短板，依靠专业能力达到期望结果。

（4）敏锐的意识——通过与施工单位短暂接触，获取对方信息，从而采取适当的应对策略，正所谓："胜兵先胜而后求战，败兵先战而后求胜"。

（5）严密的思维能力——清晰的逻辑思维是做出对自己有利判断的前提。

（6）扎实的语言能力——除上述几条外，还要运用扎实的语言表达才能说服对方。

另外，还有一种特殊的沟通形式——谈判。双方在合作共赢的基础上，因为利益的不同，特别是一旦涉及金额，势必要进行约谈。谈判的技巧有很多，原则上需要保护核心利益，作为让步适当舍弃非核心利益。

写作也是非常重要的沟通形式，特别是地产公司。无论你是向领导要资源、需要同事支持、需要合作单位配合，哪怕是年终总结，写作都是必不可少的。

3. 沟通原则

沟通要把握"有理有据、不卑不亢、保护利益、灵活机动"的原则。

说到沟通，项目负责人与甲方成本负责人沟通时要特别注意两点：第一，保证信息对称（不仅是跟甲方，所有基于专业上的沟通都需要在保证信息对称的前提下进行）；第二，具备与甲方对话的能力。

举个例子：去医院看病，通常是医生说检查就去检查，说开药就去开药。一方面是我们认同他们专业；另一方面即便他们不那么专业，我们也无法分辨，因为从知识上根本不具备和医生对话的能力。

同样，甲方都能明白的一句话，如果你不理解的话，就需要展开解释很多内容才行。这种情况，一是需要时间跟甲方磨合；二是需要提高自己的专业知识；三是需要提升甲方思维。

这让我想到之前在咨询公司负责招聘时，常常思考一个问题：为什么甲方和咨询不喜欢在施工单位工作多年的基层员工？除了缺乏项目整体意识、专业度不够、工作节奏慢之外，很重要的一点是思维局限性，无法与甲方、咨询保持同步，并且工作多年已经固化，很难改变了。

6.5 信息管理

信息管理是为了方便信息的查询、共享，将资料按照不同分类进行整理的过程。

信息按照载体分为平台、数据库、电子版文件、纸质版文件、邮件、微信 QQ 消息等。不同的载体存储方式和内容也有所不同。

（1）平台。公司的运营载体，除了审批流程外，多用于存储经过加工的数据，积累形成公司的数据库。

（2）数据库。这里所说的数据库，指的是自己要有积累数据的意识，形成自己的数据库，对工作大有帮助。

（3）电子版文件。最常见的存储载体。由于资料众多，该如何设计文件夹的层级变得至关重要，就像好的网页一定是清晰、流畅、有很好的用户体验，而不会迷失在网页中。切记不要将文件随便丢在文件夹里，或者在桌面上放很多文件。如果不能做到及时整理，也一定要做到定期整理，不然时间久了容易囤积大量文件。后面会讲关于电子版文件的整理方法。另外，对于文件的命名可以加入时间作为编码加以区分；对于项目管理而言，建立台账是必不可少的，比如：合同台账、付款台账、变更台账、图纸台账等。

（4）纸质版文件。咨询公司纸质版文件相对较少，通常按照项目建立档案，附上编码及目录。

（5）邮件。主要起到上传下达的作用。是除纸质版文件外，另一种具有法律效力的存储载体，也用于规避"潜在风险"。

（6）微信 QQ 消息。可以对事情的过程进行记录，有利于溯源。

以上各类信息载体，内容最多、存储量最大的是电子版文件（以下简称"文件"）。下面我们重点说说文件的整理方法。

1. 为什么要整理文件

（1）整洁、干净、美观。人类对于美的追求从未停止过，有序作为一种"美"，令人身心愉快，从而保持一份好心情投入到工作中。

（2）能找到。适当归纳整理文件，使我们能找到文件。

（3）方便找。富有逻辑的文件夹层级有助于我们更快地找到文件。

（4）节约空间。以保证运行速度为准，八分满为宜。

2. 整理文件的思路

（1）文件与存储空间的关系。文件的多少决定了存储空间的大小。很多人把关系搞错了，觉得存储空间很大，就无限制的存储文件，导致文件冗余、逻辑混乱、影响运行速度。

（2）文件的处理方法。对于不需要的文件可直接删除，对于不确定的文件可阶段性保留再做决策。

（3）经常使用的文件不要隐藏太深，并单独设置文件夹；不经常使用的文件可以使用多层级文件夹隐藏。

（4）项目相关文件不要间隔太远。相关文件经常会用到，间隔近可缩短寻找文件的时间。

（5）文件可以有多版本，每一版只保留一个文件。对于关键性文件要保留过程文件，方便追溯某一版本的数据，但同一版本只需保留一份，防止因重复导致混乱，如图6-1所示。

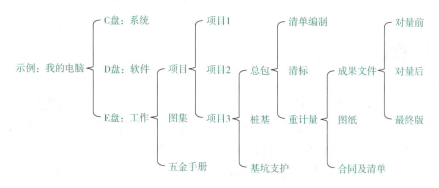

图 6-1　电脑中文件整理逻辑关系

3. 整理文件的方法

（1）文件的分类：①需要；②不需要；③保留。当我们面对一个文件，5秒钟做出决策，如果无法做出决策，可以先保留，过段时间再做二次决策。在此期间，看是否用到该文件。无需强迫自己删除该文件，如果实在无法决策，保留就好。

（2）限定时间、限定空间，对同一类型文件进行整理。例如：我们可以在下班前10分钟，针对工作盘某项目文件进行整理。

4. 整理文件资料的技巧及示例

技巧一：整理周期——一天一次。

技巧二：运用碎片化时间整理——下班前。

技巧三：整理工具——设置临时文件夹，把当天来不及整理的文件放在里面。

我们可以设定统一的项目分级编码规则，在文件夹或文件开头命名，便于公司资料的协同管理（表6-4）。

表 6-4　项目分级编码规则

内容	编码	三级编码		
		一级	二级	三级
编码范围		01~99	01~99	01~99
编码层级		按项目编码	按合同编码	按工作性质编码
编码示意 01-01-01-20210101	01	项目1	土方工程	测算
	02	项目2	桩基工程	编制清单
	03	项目3	基坑支护工程	编制参考价

把信息管理作为一种习惯，放入每天的工作中。有意识做好自己的信息管理，如同收拾好自己的家一样。

6.6 自我投资

个人成长除了做好管理四要素外，还有一条不可缺少的因素，那就是自我投资。

现在社会各行业"内卷"日趋严重，很多年轻人无力对抗压力与竞争，选择降低欲望，"躺平"来麻痹自己。殊不知，躺平只能逃避一时，想做到一辈子很难。很多人已经有投资自我的意识了，但现实情况是：有的人投入很多，效果却很小；有的人则雷声大雨点小，迟迟没有行动。

一说到投资，除了金钱，更重要的还有时间。不仅因为时间的不可逆，还有时间作为一种机会成本，在投入这件事的同时，就必须放弃其他所有事。

那么，时间和金钱作为我们投资的主要资源，要怎样使用才能带来更大价值呢？

时间是公平的，每个人一天都有 24 小时。但在使用方面，不同的人差异巨大。有的人把大把时间用在了看电视剧、玩游戏、刷抖音、看直播等"时间消费"上，注意力被牵着到处飞，大脑则本着维持人类生存的最省力法则，让人们过着无自主意识的惯性生活，日复一日，把一天过了 365 遍，佛系面对着一切。有的人则对自己的自由时间很吝啬，把时间用在刀刃上。

时间一定要用在能带来长期价值的事情上。8 小时的睡眠能保证一天精力充沛，40 分钟~1 小时的运动能做到持续逆熵，良好的饮食是维持身体机能的重要保障，即便是陪伴孩子，也能提高自身的共情能力。工作期间的 8 个小时不是拉开人与人差距的关键，对于工作，如果条件允许，可以选择加班较少，保证高效的工作。这里并不是鼓励大家要偷懒，不敬业，其实完成富有挑战性的工作本身就是一种沉浸式学习，是一种高效高价值的学习方式。因此，对于工作，在规定时间高效做事也是一种工作态度。对于脑力劳动者来讲，转换"频道"是一种放松大脑的休息，在剩余的自由时间里可以做其余有意义的事。后面会给大家分享我认为有意义的事。

对于金钱，重要的不是在于数字的多少，而是相比于成本，带来的价值是否更大。举个例子：对于日常通勤，步行或骑行、公交或地铁、开车等交通方式，哪一种适合你。半小时内，步行或骑行可以满足有氧运动的最少时间，并且与其他交通方式相比，时间相差不大，所以步行或骑行为较优选择；半小时到一小时之间，步行或骑行花费时间较长，公交或地铁、开车所用时间差不多，考虑到地面交通出现拥堵的可能性，地铁为较优选择；一小时以上通勤时间，开车较其他交通方式相比用时较短，为较优选择。那么打车呢？有人会说跟其他交通方式相比，打车不但没有任何优势，而且花钱还多，谁会打车啊。这是典型的穷人思维。当你到了一定阶层后，你会思考：我打车这半个小时用于休息或思考所带来的价值是否比打车费用高。

上面说了我们用于投资自己的资源，下面说说我们应该做哪些事。简单地说就是要做能带来个人价值增量（线性增长甚至是指数型增长）的事。

1. 读书、写作、演讲

读书是缩短认知差距最快的方法。通过读书，可以与各行各业的牛人隔空对话。书对于每个人是公平的，不会因为你的高低贵贱而另眼相看。写作（写）和演讲（说）是输出个人思想最简单的途径。通过写作和演讲，可以与优秀的人产生联系，交换思想。

2. 兴趣

个人兴趣作为我们区别于他人的鲜活色彩而独立存在，不仅提升生活品位，提升个人自信，还能找到兴趣相投的小伙伴，满足被社会尊重的价值，或许还能创造属于自己的个人品牌，找到一生的事业。

3. 专业相关领域

学习专业相关领域，在本专业的基础上延伸，扩大自己的知识边界，虚心地面对这些未知，在扩大事业安全区的同时，还能结识更多的人脉。千万不要为了结识人脉而投资社交，当你没有个人价值的时候，基本上属于无效社交。

最后，要提醒的是，无论是哪一种，往往都是延时满足，需要我们持续地做事，不要被成功学营销所洗脑，产生带来个人成长的错觉。

第 7 章 学习计量知识技能的方法

7.1 如何学习识图

在明确个人成长路径后，小白开始为学习造价知识和技能付出行动。造价入门需要学习哪些知识和技能呢？识图、清单及定额计量计价规则、计量软件这三部分必须要掌握。其中，图纸是工程项目重要资料之一，也是建筑行业中相互交流的"语言"。因此，要想学习工程造价，先要学习识图。如何才能又快又好的学习识图呢？下面以土建专业为例来进行讲解。

1. 单个构件识图

任何一个组织都是由若干部分组成的，就像人体是由骨骼、器官、皮肤、血管等组成的一样，工程项目是由钢筋、混凝土、砌块、屋面、防水、保温、门窗及装饰装修等组成的。我们先对单体进行拆分，一直拆分到单个构件为止，了解各构件的定义、作用、图例及在图中的位置。那么，我们该如何操作呢？

首先，我们利用国家标准清单，清单已对构件做了分类，所有构件一目了然。接下来，我们找一本讲建筑构造的书，对照构件列表去理解定义、作用，记忆图例及在图中的位置。这样，我们可以全面认识各构件。

2. 整体识图

当我们清楚各构件的图例和在图中的位置后，要找一套完整的施工图，将各构件组成一个整体。如果只认识局部，不会整体识图，就如同盲人摸象，无法了解全貌。在整体识图时，应该按照一定的顺序。建筑图的识图顺序为：平面图、立面图、剖面图、外檐图、节点图、楼梯图、门窗表等；结构图的识图顺序为：基础、墙柱、梁板结构平面布置图及配筋图、外檐图、节点图、楼梯图等，如图 7-1 所示。在识图过程中将问题记录下来，特别是平面图、立面图、剖面图三者之间的关系、建筑图和结构图之间的关系，需要结合多张图纸一起看。按上述方法从头到尾看一遍图纸，将所有问题罗列清楚后逐一解决。

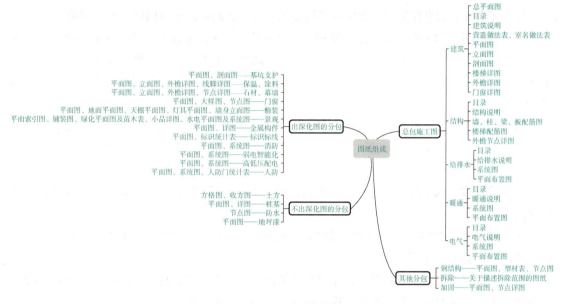

图 7-1　施工图资料的组成

3. 多接触现场、勤观察生活

如果有机会接触施工现场，对于学习识图将大有益处。施工是将图纸由二维平面转换成三维立体的过程，多对照图纸看现场，有助于培养图纸转换实体的能力。通常情况下，施工现场是完全封闭的，外人无法进入。学生可以通过实习机会去接触现场；资料员、施工员打算转行做造价，因为本身就在现场，更要把握好学习机会。最好的方法是结合图纸去观察实物，这样有针对性。如果没有图纸，记得多保留影像资料，特别是自己不理解的内容，方便复看继续学习。如果跨行业转行造价，没有机会接触现场，可以加入一些造价群，多认识一些刚参加工作、施工单位的朋友，请他们拍影像资料给你。

除此之外，在日常生活中，勤观察也能学到很多识图方面的知识，特别是装饰装修。楼梯的装修做法、门窗的构造组成、栏杆的布置方式、外装的施工工艺，观察这些有助于我们更好地识图。总之，做生活的有心者，处处皆学问。

4. 多看图集规范

除了从图纸上学习识图外，图集也是学习识图的重要途径。一方面，图纸中一部分内容直接引自图集；另一方面，有些细部构造无法在图纸上全部表示清楚，在图集中可以进一步补充。作为土建专业，钢筋是土建识图的难点，钢筋平法图集是钢筋的设计规范。养成多看图集的习惯，对于以后实际工作也大有好处。

5. 充分利用网络资源

说了那么多，如果在学习过程中遇到问题怎么办。我们可以利用网络资源来解决。

（1）找资料。网上有大量的学习资料可提供下载，缺少国家标准清单、专业书籍、图集规范，可以从百度文库、豆丁网上找到电子版资料；缺少施工图，可以从网上找到图纸资源；想扩展专业知识，可以关注广联达造价圈微信公众号，每天都会推送专业深度好文，满足每日精进的需求。

（2）找学习伙伴。学习造价枯燥、乏味，独自坚持下去不容易，尤其遇到问题无法解决时，很容易放弃。这时我们可以加入一些造价群，平时可以探讨专业，在学习路上结伴同行也会走得更远。

（3）找网课。除了线下的造价培训机构，网上也有大量的网课资源可以学习。比如，广联达建筑课堂等。

（4）找图片、视频。当我们无法接触施工现场时，可以通过搜索图片和视频了解现场，增强感性认识，避免"闭门造车"。

总之，按照上述建议不断学习，相信很快就能学会基本识图，再多找图纸加以练习，将识图基础打牢，为学习计量做好准备，你距离造价入门就更近一步。

7.2 如何学习软件

使用软件是造价从业者的必备技能。随着科技进步，软件呈现数量多、界面友好、易操作、交互性好等特点。对于软件，是否有必要盲目跟风学习，在认知上存在哪些误区，该如何学习计量软件？这些都是造价新人关心的问题。下面说说我的个人观点。

1. 造价从业者需要学习哪些软件

（1）广联达计量软件。
（2）地方性计价软件。
（3）OFFICE 办公软件，特别是 EXCEL。
（4）CAD 及 CAD 快速看图——推荐购买 CAD 快速看图会员，解锁更多功能，提高工作效率。
（5）五金手册——推荐使用小新实用五金手册 2009 绿色版。

2. 对于软件的几点认识

（1）计量软件让你走得快，专业知识让你走得稳。计量软件可以大幅提升工作效率，正因为其功能强大、易操作，使得很多造价新人只会照猫画虎，知其然不知其所以然，对于造价基本原理不甚理解，这样不利于深度学习。虽然上手快，但是缺乏专业知识支撑，如果不能尽早意识到这点，很快就会遇到职业发展的瓶颈。掌握识图、清单、定额及计算规则、施工技术等专业知识，是造价入门的基础。

（2）计量软件不是万能的，用 EXCEL 作为补充会更好。很多造价新人学会计量软件后，对软件过度依赖，所有构件都想用软件计算。事实上，有些构件很难算得准，有些构件用软件计算反而效率低（例如：用 CAD 圈图计算的工程量），这时用 EXCEL 作为补充可以更快更准地计算工程量。

（3）抱着功利心态学习市场检验的软件。有人说市场上软件众多，是否有必要盲目跟风学习。我的个人理解是：市场是检验软件的唯一标准。我们可以用功利的心态来学习软件，学习软件要把握少而精的原则。如果这个软件从业者都在用，已经成为工作"必需品"，不仅要学，还要学精通；如果这个软件虽然市场炒得很热，但是实际应用场合少，用的人也少，就没有必要学。

3. 如何学习计量软件

（1）看教学视频。计量软件都有自己的教学视频，通过看教学视频可以掌握软件的基本操作，"照猫画虎"地学，达到能操作的目的。

（2）实际操作。教学视频往往是最简单、最常规的内容，实际项目要复杂得多。因此，有必要找一套之前算过的图纸实际操作，但是要有计划性（每天完成内容、最终完成时间等）。之所以找以往项目，一方面不会因为个人学习耽误公司正常运行，另一方面可以与之前的模型对比复核。

（3）当天问题当天解决。当天画图中遇到的问题务必在当天解决，做到今日事今日毕，不过多耽误同事时间。

（4）复核模型。模型画好后，可以找同事帮忙复核，或者找之前的模型自行复核。

（5）修改错误。对于复核中存在的错误进行修改并做好记录，以后不再犯类似错误。

（6）画图积累经验，对量提升技能。通过大量画图积累经验，提升速度和准确性。通过对量能够发现画图时未发现的问题，得出正确结论，达到提升技能的目的。

总结学习计量软件的方法：第一阶段，模仿、练习、提问、解答；第二阶段，对比、修正；第三阶段，建模、对量。最后，学习任何一个软件的目的都是学以致用，"学习环境"对于学习软件至关重要，如同学习一门语言，只有在学习中练习，在练习中学习，才能更快更好地掌握。

7.3　如何学习清单定额

学会识图、计量软件后，计量三部曲还剩下最后一部——清单定额。现阶段国家开始逐渐弱化定额，逐步放开市场化清单，但清单定额原理还是适用的。通过学习清单定额，既能上手计量，又能为学习计价做好铺垫，可谓一举两得。

我们该如何学习清单定额呢？

第一，了解清单定额的章节内容。例如：土建清单分为几个章节，每个章节包括哪些内容，可以指出某个构件在哪个章节。这样我们在编制清单、套取定额子目时就不会出现找不到子目，或是理不出头绪的情况，方便按照顺序编制清单，减少漏项的发生。

第二，掌握清单定额工程量计算规则，这是我们计量的基础。计量软件仅是提高工作效率的工具，每个构件的计算规则，构件之间的扣减关系，要了然于胸。不然离开计量软件这根"拐杖"，一切计量工作通通做不了。

第三，了解清单定额子目中包含哪些工作内容。这是造价新人经常出现的错误，看子目名称判断工作内容，特别是装饰装修工程，分不清基层、找平层、结合层、面层，导致漏项或者重复套取子目。

第四，了解完成工作内容需要哪些人工、材料、机械，换句话说要了解施工工艺。只有这样，才能清楚定额子目是否需要补充或者替换主材。

第五，掌握清单定额的计价组成。例如：清单由汇总表、分部分项工程工程量清单、措施项目清单、其他项目清单组成。分部分项工程工程量清单中的综合单价包括人工费、材料费、机械费、管理费、利润、风险费；措施项目清单包括总价措施清单和单价措施清单；其他项目清单包括暂列金额、暂估价、总承包服务费、计日工。在此基础上计取规费、税金就有了汇总表。掌握整个清单的计价组成，有助于理解计价原理。

以上是清单定额学习的具体内容，除此之外，学习清单定额又有哪些学习方法呢？

第一，找成果资料学习，模仿是学习的第一步，有助于掌握清单定额的基本盘。

第二，找项目勤练习，在学中练，在练中学，通过对比复核，发现自己的不足之处，对不明白的问题及时解决。

在初步学会清单定额的基础上，我们要进一步了解行业是如何操作的。

私营地产公司中套取定额的计价方式基本取消，普遍采用"表格清单、市场组价"的形式。国有地产公司中套取定额的计价方式还存在，普遍采用"软件清单、结合市场、定额组价"的形式。政府投资项目在形式上与国有地产项目类似。

另外，每个地产公司都有自己的工程量计算规则及计价规则，部分规则与国家标准清单不一致，需充分理解后开展计量计价工作。

7.4 施工现场的看与学

很多造价从业者，刚毕业就进入咨询公司，没有去过施工现场。之前总是听前辈说应该多去现场看看，自己也有这种想法，工作两三年了，模型已经画得很娴熟了，却由于缺乏施工经验，总被施工单位的老预算员忽悠。没有机会去现场，或者好不容易有机会，到了现场却一头雾水，不知道该看什么，该学什么。这些问题将困扰造价新人很长一段时间。

作为咨询公司的造价新人，还是要多争取去现场的机会。第一种方法，如果有同事驻场，可以借着送资料的机会去看现场；第二种方法，如果在现场办公室对量的话，借着对量去看现场就变得理所应当；第三种方法，如果有机会配合驻场同事，一定把握住这样的机会。

争取到去现场的机会后，我们应该提前做哪些准备呢。首先，需要熟悉项目概况和图纸，特别是项目概况，项目由哪几种业态组成，建筑面积大概是多少，有哪些特殊施工工艺等；其次，保证手机电量充足，目的不是为了自拍，而是为了保留影像资料，便于回来后整理和思考。最重要的是：注意安全！正确佩戴安全帽，要有人带着看。因为第一次看现场，对现场环境不熟悉，存在不安全因素。

到了现场，我们要看什么？重点从几个方面去观察？静态方面，看现场的进度情况，依据合约分析有哪些合同包应该进场施工，哪些合同包已经或者应该做结算，哪些合同包应该招标，正在施工的进度款情况如何。现场已施工部位在造价中对应哪一部分，特别是措施项目。正在施工的细节与图纸的对应关系要有感性认识。动态方面，观察一个完整的施工工艺及工序，了解人员、机械如何组织施工。对于隐蔽工程、钢筋工程、措施项目等后续"不可见"内容重点观察。从长期来看，通过观察建筑从无到有的过程，对施工先后顺序有个整体认识。另外，凡是自己不明白的内容都要保留影像资料，方便后续深入学习。

除了观察，也可以多跟现场人员交流，从实践的角度获得不一样的新知。通过交流、讨论等沉浸式学习方法可以在短时间内快速掌握一门知识。

总之，对施工现场有了了解，可以帮助我们更全面、更准确地做好造价工作，对整个职业发展也将大有裨益。

7.5 对量那些事

造价工作中经常需要对量。对量既体现个人的专业水平，又是提升自我的好机会，通过彼此之间切磋，打破自己专业上的固有认识。

对于造价新人来讲，第一次对量都会有"不舒服"的感觉。无论是知识上的碾压，还是心理上的压力。我们在对量前应该做哪些准备工作，过程中又该如何做才能平稳度过这段时间呢？

我个人的观点是：咨询公司作为第三方应该秉承有理有据的对量原则，这里的理是正确的理，而不是歪理、无理、蛮不讲理。因为受甲方委托，正所谓拿人钱财替人消灾，非原则问题可以适当向利益方倾斜,但不能过度,否则就不是消灾而是"挖坑",对任何一方都没有好处。

技术方面,长期来看我们应该积累更多的专业知识、更好的沟通能力,这样在对量时才能讲出道理。短期来看我们应该完善好计算底稿,做到心里有数,有备无患。

心理方面,以"凡事都有第一次,完成比完美更重要"的心态,做好对量前的心理准备。

对量流程是怎样的,我们以总包重计量为例来说明。

首先,咨询公司对量人员根据施工单位上报的清单工程量,与对量前初稿做对比分析,从整体到局部,明确对量思路和策略。如果施工单位工程量明显大于初稿工程量,需做进一步细化,找出细项中差异大的部分,分析其原因,重点核对计算规则、范围、口径归属等方面。如果施工单位工程量略大于初稿工程量,重点核对模型的准确性。如果施工单位工程量与初稿工程量相当,核对时不作为重点。如果施工单位工程量略小于初稿工程量,核对时可作为谈判条件。如果施工单位工程量明显小于初稿工程量,重点核对口径归属等方面。

对量时应按照顺序,避免出现混乱或漏项。土建专业的核对顺序:钢筋工程、混凝土工程、模板工程、砌块工程、屋面工程、室内粗装修工程、外檐粗装修工程、零星工程、土方工程等。

对量时要把握重点,避免丢了西瓜捡芝麻。土建专业的重点内容:钢筋工程、混凝土工程、模板工程、砌块工程、防水工程、外檐装饰工程等。

施工单位具备完整计算底稿方可核对,边核对边调整,最终以咨询公司计算底稿为准。在整个对量过程中咨询公司不得将计算底稿发给施工单位,除对量外双方不得"密切"接触。

对量时遇到问题,共性问题由项目负责人或有经验的同事统一解决,非共性问题对量人员能自行解决的自行解决,对量人员不能自行解决的可列疑问或争议清单。一旦出现双方对于图纸、计量原则理解不一致的情况,应形成疑问清单,图纸的问题可以通过业主联系设计方解决,计价或合同理解不一致的问题可通过组织多方协调会解决。遇到解决不了的问题,可以先列争议,继续核对其他内容,避免影响对量进度。

对量后没有争议的成果,双方共同填写清单,确认无误后,双方核对人员签字,签字后工程量不得更改,原则上当日核对的内容在当日核对完毕后签字确认,双方各留一份存档,作为过程核对的重要成果。

若双方存在争议,由施工单位上报争议内容、争议金额,咨询公司先给出专业建议,再由甲方、咨询公司共同与施工单位谈判,最终咨询公司依据谈判结果整理清单。

除此之外,造价新人在对量过程中应该做到以下几点:

(1)抓大放小,求同存异。明确对量原则,主导对量思路。双方约定好可以接受的偏差工程量,有经验的造价员尽力争取有利的对量原则,在共性问题上取得有利结果,而不是在细枝末节上计较。

（2）坦诚对量。这里所说的坦诚对量，是指双方本着实事求是的态度对量。有的人喜欢耍小聪明，比如：不让对方看自己的计算底稿。如果遇到这种情况，可以要求对方亮出自己的"底牌"。有的人喜欢用专业知识来试探对方的专业水平，有经验的造价员和造价新人对量时经常发生这种情况。殊不知，一旦被对方领导知道，会变本加厉地要回来。失去了彼此信任，会使得双方的博弈过程漫长而累心。

（3）对量仅是工作的一部分，任何情绪上的发泄都无济于事。造价新人在对量过程中，因为专业上不自信，容易被对方打压到出现崩溃的临界点。因此，造价新人在对量之前就要做好心理准备，对量仅是工作的一部分，任何情绪上的发泄都无济于事，更容易让对方认为自己专业能力差。假如是一审单位和施工单位，对量时是敌人，在共同面对二审单位时就是"朋友"。另外，抛开此时此刻，对量结束后也可能成为朋友。

（4）遇到问题留活口，私下找同事请教。对量过程中，如果遇到自己解决不了的问题，可以先不给对方答复，利用休息时间请教同事，避免出现非原则性的错误。

除个人外，公司在对量计划上应有所安排。先让有经验的同事确定好计算规则、范围、口径归属等原则后，再让造价新人核对，可以有效减少原则性错误的发生。

总之，对量不仅是脑力与体力、智力与情商的体现，还是认识自我的好机会。通过对方映射自己的优点和不足，更有利于专业素养的提高和个人的成长。

7.6　如何获得全过程造价的驻场机会

这两年受疫情的影响，以往每年招聘旺季"金三银四"并没有如期而至，年初公司里人员流动现象也没有发生。一方面，年初很多公司的现金流出现问题，小的公司因为没有现金流而倒闭，大公司则采用减少开支、手持现金的"过冬"策略，延迟发放甚至降薪的情况时有发生。另一方面，面对公司的"过冬"策略，为了保住自己的饭碗，年初计划找工作的求职者，无一不是小心谨慎的工作，生怕因为自己的错误，成了公司裁员的对象。面对此次疫情，无论公司还是员工都意识到：有能力才能有现金流，有现金流才能抵御风险。

现金流确实难倒不少人，小白的同事小杨就是其中之一。她来公司已经两年了，一直勤勤恳恳、认真细心、积极主动，同时也是大家的开心果、无公害的小姐姐。为了缩短上下班的通勤时间，去年年底，她刚从近郊搬到离公司不远的住处，方便倒是方便，可是高昂的房租却让她一时接受不了。除了跟同事合租节省开支，她还在想如何才能提高薪资待遇。对于像她这样，在咨询公司工作两年的造价员，收入确实有限，如果有机会去全过程项目驻场，不但可以提升自己的业务水平，薪资待遇也将大幅度提高。恰好今年公司的战略合作单位有几个项目要开发，需要项目驻场人员，但她却认为自己除了建模计量，别的什么都不会，对自己缺乏信心，担心适应不了驻场工作。于是她找到师傅，希望得到一些建议，顺便带带她。公司里像小杨这样的员工不在少数。既然驻场是咨询公司大多数从业者的必然选择，我们就来谈谈驻场人员的岗位职责、任职要求，以及我们应该为驻场做哪些准备工作。

以房地产项目为例，驻场人员的岗位职责是针对本项目，代表甲方成本部与其他部门、各合作单位进行沟通，推进项目顺利进行。对项目中存在的问题及时向甲方成本部、驻场人员所在咨询公司反馈，提出解决问题的方案。根据合约规划中各项工作的时间节点，协调咨询公司人员推进并按时完成，协助成本部做好成本管控等。以上是驻场人员的岗位职责，可以看出，驻场工作不是简单的计量计价工作，更重要的是沟通协调、推进项目、管控成本等工作。驻场是一种身份的转变。在公司里，员工更多是配合不同项目负责人，完成项目阶段性工作。而驻场是自己单独负责一个项目，甚至自己就是项目负责人。另外，工作内容也从之前的阶段性造价，变成了全过程造价。也就是说，驻场人员的担子更重了，对责任心要求更高了。从原先被动接受工作，到现在主动安排、主动协调、主动推进工作，并且对项目成果质量承担主要责任。

对于任职要求，甲方对于驻场人员的要求越来越高，这一点从招标文件上就能看出来。五年以上工作经验、全过程项目驻场经历几乎成了标配，如果驻场人员是项目负责人，甚至要求必须具备注册造价工程师资格。五年以上工作经验代表具备计量计价成手水平。全过程项目驻场经历表示对项目全过程充分了解，明确每个项目每个阶段的具体工作是什么，关键点在哪里，如何降低成本风险，以及对于已经出现的问题该如何解决，这一连串的动作是驻场人员综合能力的体现。注册造价工程师资格则是考察驻场人员是否具备学习能力。如此高的要求，对于只有两年工作经验的造价员，几乎是天方夜谭。建模计量比较熟练，手工计量仍需加强，清单计价只懂皮毛，缺乏项目整体认识是造价员专业水平的真实写照。

那么，我们应该做哪些准备工作，才能抓住来之不易的驻场机会呢？

首先，做工作的有心人。从进入公司开始，领导交代的每一项工作都要做好记录，除了知道如何做，还要知道为什么做，这项工作在整个项目中属于哪个阶段。领导如何安排工作，过程中如何管控，遇到哪些问题以及如何解决，自己在工作中有哪些可以优化和改进的地方。这样思考有助于帮助你建立项目全过程的工作框架，同时有助于培养系统性思考、结果导向思维。凡事都要有始有终，追出结果，没有结果的付出等同于没有付出。

其次，积累经验数据。造价本身就是由数据组成的，我们每天的工作接触大量数据，但这些数据仅仅是数字，是否能为我们所用，取决于是否对这些数据进行二次加工，即数据的挖掘、整理、分析、总结。无论是工程量含量、单方经济指标，还是各综合单价、主材价，都是我们积累数据的要素。

然后，扩大专业知识、能力获得途径。注意这里指的是获得途径，而不是知识、能力本身。例如：我们可以通过图片、视频来学习施工工艺，通过查阅工作模板、成果文件来掌握某类解决问题的通用方法，通过请教同事、观察细节来获得处理各类问题的办法等。

最后，做人是成事之本。我们要以诚相待获得别人的信任，要不断完成工作任务获得领导的认可，要乐于助人获得同事的帮助。一句话就是，若要取之，必先予之。

总之，一次完整的全过程驻场经历不仅能提升专业能力、提高薪资待遇，更是一次挑战自我、肯定自我、破茧而出的蜕变过程。相信做到以上四点，驻场机会肯定属于你。

第 8 章
全过程造价实操要点

8.1 模拟清单

近些年,为了缩短项目建设周期,加快资金周转,大多数地产商在总包招标时采用模拟清单,签订暂定总价合同,后期重计量转为固定总价合同(下文简称转总)。一份高质量的清单尤为重要,一方面能招到有竞争力的总包,同时可以有效控制目标成本、缩小暂定总价与固定总价之间的差距,降低合同执行过程中的履约风险。

既然如此,怎样的清单才能称之为高质量清单呢?高质量的清单有以下特点:界面清晰、列项完备、计量准确、统一口径等。界面清晰指的是清单范围、列项与界面划分保持一致,做到不重不漏;列项完备指的是在项目现有资料基础上,列出基本清单项,补充常规清单项,并设置投标单位可自主报价的清单项,将风险控制在招标阶段;计量准确指的是找到合适的对标项目,依据对标项目含量模拟本项目工程量,并结合限额指标、以往经验、实际估算等进行修正,使得模拟工程量更接近重计量工程量;统一口径指的是各投标单位获得的清单信息一致,报价口径一致。接下来,我来谈谈如何编制一份高质量的模拟清单。

1. 整理项目产品信息

项目产品信息反映了项目的基本情况,包括产品业态、单体数量、单元数、户数、建筑面积等。项目产品信息一方面可以验证经济指标的合理性,更重要的是用来估算工程量,使得工程量更加准确,避免因工程量不合理,影响投标单位报价,或者采用不平衡报价策略;另一方面,对于甲方来讲,要做到成本可控,模拟工程量越接近重计量工程量,对成本管控越有利。

2. 了解合约规划、目标成本

合约规划是依据项目整体建设周期,针对每一合同介入时间列出的详细计划表。目标成本是成本管控的红线,根据基础资料深度不同分为方案版和实施版。了解目标成本一方面可以防止模拟量、价超过"红线",另一方面如果重计量超目标成本时,需要设计优化后才可实施。

3. 明确标段信息

标段信息反映了甲方对于项目操作的主要思路,包括标段划分、交付状态(毛坯、精装)、是否采用装配式、装配率多少、装配式涉及哪些构件,以及各构件所对应的单体等,这些都会直接影响清单的界面、列项及工程量。

4. 明确招标范围

招标范围既包括专业划分(总包、甲指乙分包、甲分包),也包括界面划分(例如总包与精装、外保温、景观的界面划分),还包括材料划分(甲供材、甲指乙供材、乙供材)等,这些同样直接影响模拟清单的界面及列项。

5. 寻找对标项目

对标项目指的是各方面与本项目近似的项目,包括地区、业态、招标时间等。无论是招标还是清标阶段,寻找对标项目是为了让本项目的经济指标更接近市场,从而有效反映市场的价格水平,以保证竞争的充分性。

6. 了解限额设计

限额设计指的是甲方对设计院在关键指标上提出的"红线"要求。常见的有钢筋、混凝土含量、窗地比、墙地比、地下车库设计层高等。需要注意的是,设计和成本对于含量的口径不尽相同。通常情况下,设计提到的钢筋不包含二次结构的钢筋,混凝土不包含二次结构、垫层等构件。

7. 利用总图模拟工程量

总平面图主要表示整个建筑基地的总体布局,具体表达新建房屋的位置、朝向以及周围环境(原有建筑、交通道路、绿化、地形等)基本情况的图样。总图至关重要,也最容易被忽视。在编制模拟清单时,可以利用总图来模拟屋面、外檐、散水、地库外墙、顶板防水等工程量,比利用对标项目模拟的工程量更加准确。

8. 营造做法的列项方法

根据甲方是否提供营造做法,在编制模拟清单时,有以下两种列项方法:

1)设计院提供营造做法或者甲方有标准营造做法,这种情况正常列项即可。

2)如果没有营造做法,列项时需充分考虑类似项目的常规做法,并在此基础上补充列项(第九条第一点有部分说明)。

9. 编制模拟清单的几点小技巧

1)增加每增减一个混凝土标号,每增减 5mm 厚水泥砂浆找平层、细石混凝土找平层,每增减 1mm 厚抹灰砂浆、粉刷石膏，每增减 5mm 厚的保温层等列项，防止施工图超出常规设计导致模拟清单漏项。

2）在措施项目中增加自主报价列项，允许投标单位根据自身情况补充措施列项及报价，大多数合同约定措施费总价包死，这样可以有效控制成本。

3）在计日工中补充人材机列项，为后期签证变更保留价格依据，减少后期扯皮。充分利用投标报价的竞争性，多收集报价、压低报价。

4）如果采用港式清单或者表格清单，要按照甲方的工程量计算规则列项，例如，钢筋接头是单独列项还是在综合单价中考虑，二次结构中圈梁、构造柱等是单独列项还是在砌块综合单价中考虑等。对于项目特征和工作内容需要描述清楚，明确报价基数，甚至明确填报位置，必要时可以对表格内容进行锁定，以达到各投标单位在同一口径下报价的效果，同时为清标提供方便。

总之，编制模拟清单是招标过程的重要环节，是成本管控的重要手段。多思考、勤实操、多借鉴、常积累，相信你也能做出一份高质量的模拟清单。

8.2　答疑清标

在招标阶段，当工程量清单发出后，接下来要进行的步骤是回标、清标、评标、定标。其中，回标是指根据招标文件要求进行投标；评标是指根据评标办法排出中标候选人的名次；定标是指确定中标人，发放中标通知书，为后续签订合同做好准备。而对于清标，很多造价从业者可能未必听说过，或者虽然听说过，但是从未实操过。什么是清标？清标是指根据投标单位的回标资料（包括但不限于经济标），结合招标文件的要求，通过核实、分析、比对等方法判断投标单位对于招标文件的响应程度，为评标提供依据，同时对投标单位提出的答疑进行澄清，降低合同履约过程中的潜在风险。那么，清标分为几步，包括哪些内容和要点，在清标过程中又有哪些小技巧呢？下面逐一进行解读。

首先，清标工作通常由甲方委托造价咨询公司来具体实施，不同的甲方对于清标的要求各有不同。有的只需要清经济标，有的还需要清资信标；有的只需要列清数据，有的还需要标出价格高低，并与对标项目进行对比；有的只需要做数据分析，有的还需要写清标报告。因此，要想做好清标工作，先要了解甲方对清标的具体要求，并提供清标模板。清标模板是清标要求的具体体现，使用清标模板，一方面认可度高；另一方面省时省力。下面我们以地产公司常见的清标要求为例来讲解。

1. 清标步骤、内容及注意事项

清标按照顺序分为以下几步：

（1）投标函核对。通过查看招标文件相关内容，核对投标单位的回标信息是否满足要求，具体内容包括但不限于投标总价、工期、工程质量、安全文明施工等。对于不符合要求的标明提示，并要求投标单位予以澄清。

（2）经济标列表，检查算术性错误。在工程量清单及参考价（或控制价、标底等）的基础上，将各投标单位的经济标横向依次排列，包括分部分项清单、措施项目清单、其他项目清单等。在检查算术性错误时，可以用原清单工程量乘以投标综合单价得出每项清单的合价，并与该项投标报价进行比较，如果不一致，说明出现了算术性错误，需要提示投标单位在下次回标时予以修正。

（3）数据链接，检查链接性错误。将上述清单明细表与清标模板中的各类汇总表进行链接，做出投标总价对比表，并以此检查是否存在链接性错误。同样，如果出现链接性错误，需要提示投标单位在下次回标时予以修正。

（4）单价比对，标明高低。根据参考价（即市场价）或者对标项目价格判断各投标单位报价的高低，对投标报价影响大的内容要重点分析，看其是否明显偏离市场价格。对于总包来讲，重点内容包括人工单价、钢筋、混凝土、电缆电线（乙供）的材料价、模板、地面找平、墙面顶棚抹灰的直接费等。这样一方面防止投标单位采用不平衡报价策略投标，另一方面可以要求投标单位在下次回标时给予更加优惠的报价。除此之外，还可以单独分析综合取费费率（管理费、利润）、主要措施项目等。并对上述明显偏离市场价格的内容予以标明。

（5）总价比对，分析偏离程度。接下来要做总价偏离程度分析，不同的甲方要求也不尽相同。有的需计算各投标总价与参考价之间的偏离百分比，有的需计算其余各投标总价与最低报价之间的偏离百分比；有的在去掉最高和最低报价后，将其余报价求平均值，然后计算各投标报价与平均值的偏离百分比等。不管以哪种计算口径分析，都要满足招标文件的评标办法及甲方具体要求。通过分析，按商务标由低到高进行排序，并结合技术标、资信标评分，确定意向单位，明确谈判策略。

（6）书写清标问卷、清标报告。清标工作的成果文件通常由清标分析表、清标问卷、清标报告三部分组成。在完成清标分析表后，将清标过程中的问题以问卷的形式呈现，要求投标单位澄清，并在下次回标时修正（如果有二次回标）。例如：投标中未报价的内容是综合考虑报价后让利，还是忘记报价；同一内容不同单价或者不合理报价等需要投标单位在清标问卷中予以澄清。

清标报告除了对清标工作进行全面总结外，还可以提出可行性建议供评标时参考。

2. 清标的几点小技巧

（1）注意小数位数。经济标列表时，需要注意小数保留位数，必要时用函数公式锁定，避免出现因小数位数不同，导致汇总金额与投标报价不一致。

（2）充分利用数据、链接，减少重复性工作。清标是一项时间紧、任务重的工作，需要在短时间内处理大量的数据。要尽量利用已有数据、链接，减少重复性数据处理工作。例如：使用原分部分项清单工程量完成各家合价汇总及算术性错误复核工作；在一张表格适当位置插入行、列，使得与另一张表格的链接关系保持一致等。

（3）利用函数公式辅助价格比对。在价格比对时，可以利用函数公式对偏差超过一定比例的价格进行统一设定，并用颜色进行标注。这样可以大大减少手动比对的工作量。

（4）对于可能存在的风险，要求施工单位在报价中综合考虑。说到这，不得不说目前的合同文本相比前些年详实了许多。一方面是甲乙双方的法律意识在增强，另一方面合同范本中的很多条款，是以往项目中发生的洽商、签证、索赔、争议等事件的基础上，对合同范本逐步完善得来的。因此，对于可能存在的风险，特别是合同范围（与其他各专业分包合同之间的详细界面），除了明确之外，可以要求施工单位在报价中综合考虑这些因素。

总之，清标是招标过程中的重要一环，做好清标工作，为接下来的评标、定标提供充分的数据支持及可行性建议，进而帮助甲方做出更好的决策。多加练习，你也可以做好清标工作。

答疑清标案例

一、投标状况

1. 本次评标报告是根据投标人第一次投标报价后出具的
2. 本次招标共有五家投标单位进行了第一次回标，回标日期为×年×月×日，五家投标单位分别是：

A公司、B公司、C公司、D公司、E公司

3. 投标金额

各投标单位申报投标金额由低至高排列如下表所示：

序号	项目	A公司		B公司		C公司		D公司	
		投标金额	平方米单价	投标金额	平方米单价	投标金额	平方米单价	投标金额	平方米单价
一	投标总价								
1	分部分项金额								
2	总价措施费								
3	单价措施费								
4	其他项目								
5	规费								
6	税金								

（续）

序号	项目	A 公司		B 公司		C 公司		D 公司	
		投标金额	平方米单价	投标金额	平方米单价	投标金额	平方米单价	投标金额	平方米单价
二	算术正确的投标总价								
1	算术误差								
2	误差百分率								
三	平均投标总价差异率								
四	工期（日历天）								
五	工程质量								
六	与最低标价的差值								
七	与最低标价的百分比								

注：＋值为少计入，－值为多计入。E 公司因申报总价为 x 元，严重偏离市场价已高出本次投标平均价 $x\%$ 以上，根据招标文件要求，本次投标废除，不再进行分析。

二、招标范围

详见招标文件。

三、标函比较

本标函核查报告附有下列比较资料：

附录一：综合投标情况对比表

附录二：投标总报价对比表

附录三：综合单价对比表

附录四：总承包服务费对比表

附录五：计日工报价对比表

附录六：主要材料对比表

四、标函分析

以下标函分析只限于提供关于合同条文及投标价格之分析，发包人尚须对各投标单位提交的施工组织设计等技术资料及工程管理事项做出相关专业复核，以保证发包人利益。

根据本次核查内容，测量师对各投标人所申报投标文件所存在的问题进行综合统计如下，供发包人参考。

1. 分析 A 公司

（1）本次投标整体价格属于偏低范畴。

(2) 该投标人申报总金额为 x 元，为本次投标报价的最低价，不存在算术行错。

(3) 经核查，投标人在投标书中出现了部分问题，详见清标疑问卷。主要有：

1) 该投标人提交的投标文件中，存在未申报项目，如：小高层建筑选择性项目——屋顶5：金属彩石瓦屋面（红色）、模板工程中——其他现浇构件模板、部分业态的垂直运输、部分业态的超高增加费等，需投标人予以澄清并补充申报。

2) 该投标人提交的投标文件中，钢筋工程申报平均综合单价约 x 元/t，明显低于市场价格，需投标人澄清。

3) 该投标人提交的投标文件中，混凝土工程申报平均综合单价约 x 元/m³，明显低于市场价格，需投标人澄清。

4) 该投标人提交的投标文件中，钢结构工程申报单价偏低，需投标人结合企业自身情况综合考虑。

5) 该投标人提交的投标文件中，基坑支护工程内，连续墙拆除、已有地下止水帷幕拆除申报单价均为负数，导致金额减少约 x 万元，需投标人澄清。

6) 该投标人提交的投标文件中，存在部分单价措施未申报的情况，需投标人补充申报或明确已包含在投标总价中。

7) 该投标人提交的投标文件中，总价措施表金额与各个业态导出明细不符，需投标人澄清。

8) 该投标人提交的投标文件中，计日工内人工报价整体偏高，需投标人澄清。

9) 该投标人提交的投标文件中，钢材、涂料等品牌不符合招标文件要求，需投标人澄清。

10) 该投标人提交的投标文件中，申报的主材价格与相应综合单价分析表的主材价不一致，例如：地下电气工程 WDZN-BYJ-4mm² 申报的主材价格为 x 元/m，综合单价分析表的主材价格为 x 元/m 等，以上仅为举例，需投标人予以澄清并调整相同项目报价。

11) 该投标人提交的投标文件中，部分项目主材报价不合理，例如：主材表（地库电气），电力电缆 BTTZ-3×185+1×95 申报的主材价格与电力电缆 BTTZ-3×240+1×120 申报的主材价格相同等，以上仅为举例，需投标人根据企业自身情况酌情考虑是否调整该部分报价。

12) 该投标人提交的投标文件中，部分项目报价不合理，例如：超高层（暖通工程），压力表申报的综合单价为 x 元/块，温度计申报的综合单价为 x 元/组，除污器（过滤器）申报的综合单价为 x 元/组等，以上仅为举例，需投标人根据企业自身情况酌情考虑是否调整该部分报价。

13) 该投标人提交的投标文件中，存在部分综合单价偏高或偏低的情况，具体详见价格偏离表（仅做举例说明），需投标人结合企业自身情况综合考虑。

2. 分析 B 公司

（1）本次投标整体价格属于合理范畴。

（2）该投标人申报总金额 x 元为本次投标报价的次低价，不存在算术性错。

（3）经核查，投标人在投标书中出现了部分问题，详见清标疑问卷。主要有：

1）该投标人提交的投标文件中，未申报投标函，需投标人补充申报。

2）该投标人提交的投标文件中，存在分部分项申报不全的情况，如小高层 1、7、8#楼电气工程第 98、99 条照明开关，地下车库电气工程第 118、119 条电力电缆等，需投标人澄清。

3）该投标人提交的投标文件中，砌筑工程申报综合单价仅 x 元/m³，明显低于市场价格，需投标人澄清。

4）该投标人提交的投标文件中，措施项目存在未申报的情况，如夜间施工费、二次搬运费、装饰工程的单价措施等，需投标人补充申报或明确已包含在投标总价中。

5）该投标人提交的投标文件中，总价措施申报金额偏高，需投标人澄清。

6）该投标人提交的投标文件中，单价措施与总价措施填写位置有误（总价措施填到了单价措施中，单价措施含到了分部分项清单中），需投标人修正。

7）该投标人提交的投标文件中，未申报主要材料价格表，需投标人补充。

8）该投标人提交的投标文件中，未申报总包服务费的项目价值和总承包服务费费率，需投标人补充。

9）该投标人提交的投标文件中，部分项目未申报相应的综合单价，例如：给水工程（超高层），丝堵 DN50、丝堵 DN20，电气工程（地库），桥架 600mm×200mm，给水工程（地库），冷水表 DN40 等，以上仅为举例，需投标人予以澄清并补充提供。

10）该投标人提交的投标文件中，部分项目报价不合理，例如：高层（电气工程），接地装置 x 元/栋楼等，以上仅为举例，需投标人根据企业自身情况酌情考虑是否调整该部分报价。

11）该投标人提交的投标文件中，机电部分线、缆、配管、设备整体报价偏低（详见单价偏离表），需投标人根据企业自身情况酌情考虑是否调整该部分报价。

12）该投标人提交的投标文件中，存在部分综合单价偏高或偏低的情况，具体详见价格偏离表（仅做举例说明），需投标人结合企业自身情况综合考虑。

3. 分析 C 公司

（1）本次投标整体价格属于合理范畴。

（2）该投标人申报总金额 x 元为本次投标报价的中间价。

（3）经核查，投标人在投标书中出现了部分问题，详见清标疑问卷。主要有：

1）该投标人提交的投标文件中，存在算术性错误，主要因为超高层给水工程单项工程汇总表中比分部分项明细多计入 x 元，整体汇总金额时未计入其他项目金额 x 元，导致投保金额

少计入 x 元，需投标人澄清。

2）该投标人提交的投标文件中，未按照招标清单要求申报综合单价分析表，需投标人补充提供。

3）该投标人提交的投标文件中，未申报总包服务费的项目价值和总承包服务费费率，需投标人补充。

4）该投标人提交的投标文件中，计日工项目内水钻切割打洞报价整体偏低，需投标人澄清。

5）该投标人提交的投标文件中，涂料选用的品牌不符合招标文件要求，需投标人澄清。

6）该投标人提交的投标文件中，相同项目申报的主材价格不一致，例如：主材表（电气），桥架100×50，公寓申报的主材价格为 x 元/m，住宅配建申报的主材价格为 y 元/m，主材表（水暖），280℃常开防火阀1600×800，地库通风工程中第171项申报的主材价格为 x 元/个，而第176项申报的主材价格为 y 元/个，碳钢通风管道（焊接钢板厚度3.0mm），地库申报的主材价格为 x 元/m^2，公寓申报的主材价格为 y 元/m^2 等，以上仅为举例，需投标人予以澄清并调整相同项目报价。

7）该投标人提交的投标文件中，部分项目未按招标清单工程量申报，例如：通风工程（超高层）的检测，壁式轴流风机 WEAF-B1-01（风量：3000m^3/h）等，以上仅为举例，需投标人予以澄清并调整。

8）该投标人提交的投标文件中，未申报相应的综合单价，例如：给水工程（超高层），内外涂钢塑复合管 DN32，给水工程（高层），丝堵 DN20 等，以上仅为举例，需投标人予以澄清并补充提供。

9）该投标人提交的投标文件中，存在部分综合单价偏高或偏低的情况，具体详见价格偏离表（仅做举例说明），需投标人结合企业自身情况综合考虑。

4. 分析 D 公司

(1) 本次投标整体价格属于合理偏高范畴。

(2) 该投标人申报总金额 x 元为本次投标报价的次高价。

(3) 经核查，投标人在投标书中出现了部分问题，详见清标疑问卷。主要有：

1）该投标人提交的投标文件中，申报工期与招标文件约定工期（2009天）不符，需投标人澄清。

2）该投标人提交的投标文件中，措施项目存在未申报的情况，如夜间施工费、二次搬运费等，需投标人补充申报或明确已包含在投标总价中。

3）该投标人提交的投标文件中，未申报总包服务费，需投标人补充。

4）该投标人提交的投标文件中，钢筋工程报价整体偏高，需投标人依据自身企业情况综合考虑。

5）该投标人提交的投标文件中，申报的主材价格与相应综合单价分析表的主材价不一致，例如：地下电气工程 WDZR – YJY – $4 \times 25 + 1 \times 16 mm^2$，申报的主材价格为 x 元/m，综合单价分析表的主材价格为 y 元/m 等，以上仅为举例，需投标人根据企业自身情况酌情考虑是否调整该部分报价。

6）该投标人提交的投标文件中，机电部分人工单价与土建部分人工单价不一致，例如：机电部分综合工二类工单价为 x 元/工日，土建部分综合工二类工单价为 y 元/工日等，以上仅为举例，需投标人根据企业自身情况酌情考虑是否调整该部分报价。

7）该投标人提交的投标文件中，存在部分综合单价偏高或偏低的情况，具体详见价格偏离表（仅做举例说明），需投标人结合企业自身情况综合考虑。

五、结论

经我司对四家投标单位之回标文件及报价审核分析，发现影响本次报价差异因素主要有措施费、钢筋及混凝土、砌体等费用。

其中最低家 A 公司申报钢筋混凝土价格严重偏低，导致金额偏离市场价格约 x 万元；支护工程中存在两项报价为负值，导致金额偏离市场价格约 x 万元。次低家 B 公司申报砌体价格严重偏低，导致金额偏离市场价格约 x 万元，建议发包人要求以上两家投标人进行合理解释，以便规避结算时索赔风险的发生。

除上述原因外，前三家报价虽存在细部差异，但总体金额影响不多。第四家 D 公司报价钢筋价格略有偏高但仍属于市场合理范畴。

综上所述，除 E 公司外，最低家与最高家总金额差异为 x 元；差异比例 $x\%$。

基于上述原因，测量师建议发包人组织商务谈判，针对回标过程中所存在的问题进行沟通、澄清，以获得较为合理的投标报价。

8.3 合同组卷

一提到合同组卷，顾名思义，是合同签订之前针对中标单位在招标过程中的资料进行整理，组成合同的过程。之所以很多人感到陌生，是因为合同组卷通常是由甲方主导完成的。合同是具有最高法律效力的文件，需要公司上下各个部门、各级领导审批通过才行，不允许出现差错，因此只有少数地产公司委托造价咨询公司做合同组卷工作。考虑到很多造价新人对此不太了解，接下来我介绍下合同组卷的相关内容。

1. 合同包含哪些内容

合同包括但不限于合同协议书、中标通知书、往来函件（包括答疑文件、澄清文件等）、合同专用条款、合同通用条款、工程规范和技术说明、工程量计算规则、图纸、合同清单、招标文件等。

2. 合同组卷的方法

（1）合同中存在未填写信息、修改备注信息应与甲方逐一确认无误后再放入合同中。

甲方应将全部拟放入合同中的文件资料发给造价咨询公司，文件资料中的内容应保证完整、准确，若文件资料中存在空缺、不明确、矛盾、错误之处，应与甲方逐一确认无误后再放入合同中。

（2）按照合同范本目录顺序编排文件。合同范本是地产公司统一的合同范式文本，必须严格按照目录顺序编排，并按照目录编排页码，方便查找及修改。

3. 合同组卷的注意事项

（1）招标答疑、澄清文件应作为合同的组成部分。招标答疑是甲方在招标过程中对招标文件及清单的解释，针对所有投标单位，组卷时应将全部招标答疑放入合同中；澄清文件是在招标过程中甲方要求投标单位对投标文件中存在的问题的解释，针对某一家投标单位，组卷时应将中标单位的澄清文件放入合同中。

（2）若拟中标单位的投标清单调整过不平衡报价，应将调整后的清单作为中标清单放入合同中。

在招标过程中，若中标单位的投标清单存在不平衡报价的情况，甲方可以要求中标单位在投标总价不变的前提下，对其中各报价做出解释或调整。调整后的清单经甲方、中标单位双方同意后作为中标清单放入合同中。

（3）保证打印、装订准确无误。现在地产公司的合同很厚，少则一两百页，多则几百页。打印、装订时需确保准确无误。

合同组卷既是一项细致工作，又是一项关键工作。只有耐下心来，做好每个细节，才能做好合同组卷工作。

8.4 重计量

总包重计量（以下简称重计量）是全过程造价的"重中之重"，它既是甲方管控项目成本的重要节点，也是检验咨询公司专业实力的试金石。那么，重计量有几个环节，每个环节有哪些关键要点，又有哪些注意事项呢？

1. 重计量的关键要点

重计量分为三个阶段：

第一阶段是计量阶段。分析各单体图纸是否一致或相似，明确计量工作量，公司现有人员的能力和手头项目安排工作内容，依据转总时间节点倒排计量时间，从这三个角度铺排转总计划。

计量之前要保证资料齐全，并与施工单位保持一致。转总资料包括：图纸、合同及合同清单、工程量计算规则等。另外，项目负责人要对参与计量团队做技术交底，明确界面划分、统一工程量计算规则及口径。

计量过程中，项目负责人应每天按时收集图纸疑问，经甲方反馈给设计院，并催促回复，及时下达给转总人员。定期询问转总人员进度，避免出现前后紧中间松或前松后紧的情况。如果转总人员中有专业能力薄弱的"新人"，要定期做好抽查复核的工作。在计量结束前编制好清单，以免耽误填量时间节点，并在填量完成后做好审核。

第二阶段是对量阶段。项目负责人核对工程量计算规则，保证各单体计算口径一致，继续收集对量过程中的图纸疑问及回复，解决对量过程中双方的争议，并核查团队成员与核对方签认的过程工程量成果。

第三阶段是解决争议阶段。施工单位提交争议内容及金额，咨询公司协助甲方解决争议问题，并按照甲方的模板和要求填写转总表格及报告。

2. 重计量中的注意事项

（1）复核清单和指标表，抓紧计量阶段最后几天的时间。相同业态的相似单体指标应该相近，如果指标差异过大，可继续往下细分，明确细分构件的工程量计算口径是否一致。相同业态相似单体的清单列项应该相同，如果有的单体填了工程量，有的单体未填，需要进一步询问是否漏算。清单部分列项之间会存在一定的逻辑关系，如果逻辑关系有问题，需要进一步核实工程量计算是否正确。

很多人会有拖延的习惯，特别是到了计量阶段最后几天，就会越发明显。这就需要项目负责人不厌其烦的督促，直至确定每个人按时提交成果文件。

（2）提前做好对比，明确对量策略。当施工单位上报清单及计算底稿后，咨询公司应提前做好对比表，以便明确对量策略。若施工单位上报工程量大很多，对量时需重点核对，特别是计算口径；若施工单位上报工程量小，对量时可采用"隐藏"实力的策略。

（3）加强沟通、互审机制。计量过程中，转总人员应加强沟通，对归属不明确的构件予以统一，并加强互审机制，避免出现"当局者迷"的情况。

（4）第一天对量要严格把握原则。对量过程中，难免在博弈中会做出妥协，并且会随着对量深入、对量人员彼此之间更加熟悉，妥协程度变得越来越大。这就要求我们在第一天对量时要严格把握原则，特别是工程量计算规则的核对，必要时可以主动"表演"出据理力争的态度，在气势上压倒对方。

（5）编制说明要写清楚。刚接触对量时，很多造价新人会注重工程量的核对，对于文字性的内容往往不重视，特别是编制说明。其实，编制说明在重计量中起到很重要的作用，一方面可以明确当时计量的口径，哪些量计了、如何计的、哪些量没计、哪些量暂估；另一方面可以反映出当时对量的情况，方便后续进行追溯。

（6）如果有变更计入重计量，需做好记录。重计量时，甲方有时会要求把部分变更计入重计量中，首先要明确变更资料及图纸是否齐全，计量时需提前与施工单位统一原则，是将变更计入模型中还是在施工图对应的模型外单独计算。另外，需做好记录，以免后续发生其他变更时重复计算。

（7）统一工程量计算规则。目前很多地产公司都有自己的工程量计算规则，有些规则和国标规则不同。常见的有：不单独计算二次结构中构造柱、过梁、圈梁、水平系梁、压顶、门槛、防水台等的混凝土、钢筋、模板，并入砌体墙计算（切记，此处混凝土并不是不计算，而是按砌体墙计算。判断混凝土是否为二次结构以与一次结构共同浇筑为标准，共同浇筑为一次结构，否则为二次结构）。钢筋不计算搭接，该部分钢筋在综合单价中考虑。对于这种情况可以将定尺长度设置为无限长提取直筋，再按照图纸设置搭接提取箍筋。

8.5 进度款

一说到进度款，我们要区分两个概念，那就是进度款和产值。产值是指根据当月或当期的形象进度依据合同清单及计量方法完成的合同金额，而进度款则是根据产值和合同约定的应付比例得出的当月或当期的付款金额。一般情况下进度款与产值都是按照月度计量，也有特殊情况是按照节点计算进度款的。

当月进度是以月为周期，某一月的产值和付款。当期进度则是把整个项目分成N期，其中某一期的产值和付款。

对于甲方来讲，进度款支付的首要原则是不允许超付，即累计付款金额不允许超过当前产值。因为一旦超付，存在施工单位随时撤场的合同履约风险。依据这个原则，我们来说说进度款审核过程中的要点。

首先，我们要明确合同范围对应的合同金额。如果是模拟清单招标，要尽快依据施工图进行重计量，确定施工图固定总价金额，方便指导进度款支付，做到心中有数，转总的总价金额可作为总产值基数。如果是施工图招标，合同金额就是总产值基数。

除了合同金额，设计变更、现场签证、调差等是否计入当月或当期产值，要依据合同和甲方要求而定。

目前市场上，地产项目基本没有预付款，需要施工单位垫资施工，垫资程度因甲方而异。

进度款审核要把握两头紧、中间适度放松的原则，审核过程如下：第一，依据本次和上次形象进度计算当月或当期工程量，结合合同单价，得出分部分项金额。第二，关于措施费的审核，因为进度款资料中对于措施项目完成内容难以描述清楚，所以措施费一般无法按实审核，通常按照分部分项的完成比例折算，得出措施金额。第三，设计变更、现场签证要在审核完成的情况下才能计入当月或当期产值。第四，调差应按照合同约定执行，调差内容包括人工、钢筋、混凝土等，调差前，先确定调差基准价和当月或当期市场价格（调差基准价并不一定是合同清单中的人工、主材单价，调差基准价应根据合同的具体约定确定），再计算人工、材料差额是否超过合同约定的比例，如果超过，要对超过部分进行调差；未超过则不用调差。最后，汇总当月或当期产值。有了本次产值，结合至上月或上期累计完成产值，得出至本月或本期累计完成产值，从而得出累计完成产值比例。

用当月或当期产值乘以付款比例，得出当月或当期付款金额，结合至上月或上期累计支付金额，得出至本月或本期累计支付金额，从而得出累计支付比例。

为了避免超付情况发生，合同约定的付款比例在60%~80%左右，剩余支付节点为竣工验收完成、结算完成等，根据合同约定预留质量保修金，等质保期结束后，无任何施工质量问题时付清。

进度款是合同履约的一部分，进度款审核是驻场人员每月的固定工作之一，做好进度款审核，同时为后面做好铺垫，结算工作将变得轻松。

8.6　设计变更与现场签证

很多造价新人分不清图纸会审、工程联系单、洽商、设计变更、现场签证的区别，我们就来讲一讲。

图纸会审是指工程各参建单位（建设单位、监理单位、施工单位等相关单位）在收到施工图审查机构审查合格的施工图设计文件后，在设计交底前进行全面细致的熟悉和审查施工图纸的活动。工程联系单是用于甲乙双方日常工作联系的单据，只需建设单位、监理单位（或设计单位）、施工单位签认。洽商与工程联系单类似。设计变更是指项目自初步设计批准之日起至通过竣工验收正式交付使用之日止，对已批准的初步设计文件、技术设计文件或施工图设计文件所进行的修改、完善、优化等活动。现场签证是指施工过程中出现与合同规定的情况、条件不符的事件时，针对施工图纸、设计变更所确定的工程内容以外，而施工过程中确须发生费用的施工内容所办理的签证（不包括设计变更的内容）。

通常情况下，工程联系单、洽商等不能作为结算依据，需转化成设计变更、现场签证才能计入结算。

出于成本管控的考虑，设计变更的流程如下：针对变更内容进行估算，判断费用是增加还是减少，费用是多少，甲方审批决定是否出具变更，待甲方出具正式设计变更单后，施工单位上报变更费用，咨询公司审核并核对出具审核结果，经业主方确认并走完流程后形成最终有效的设计变更费用。

如果设计变更发生在施工前并计入重计量中，后续将不再单独出设计变更单；如果设计变更发生在施工前，且未计入重计量中，则需出具正式的设计变更单；如果设计变更发生在施工后，除了考虑变更外，还应考虑拆改的情况。

拿到一份设计变更单，需要判断该变更是否涉及几个合同包。例如：如果门窗洞口尺寸发生变化，可能涉及总承包工程、外檐门窗工程、外檐保温工程、外檐涂料工程、精装修工程（如果有）等合同包。

设计变更估算时要明确在哪版图纸上做的变更，需特别注意：设计变更是施工图与变更图之间的图纸差异，与招标或重计量工程量正确与否无关。

设计变更要做好资料管理，做到"一单一码"，确保资料完整。施工单位在上报结算时，有时只上报增加费用的变更，不上报减少费用的变更，做好变更台账能有效避免这种情况的发生。

现场签证与设计变更类似，但要写清楚现场签证发生的原因，方便对责任归属进行区分。如果是由非甲乙双方的第三方原因导致的签证，则由第三方承担相应费用。

现场签证最好有附图、附影像资料，而不是直接简单的对工程量进行确认，咨询公司可依据附图对工程量进行复核。建设单位、监理单位、施工单位三方对附图的真实性负责。

涉及隐蔽工程的，应要求咨询公司驻场人员留存隐蔽工程的影像资料，并与签字版资料一致。

需要注意的是：要从合同角度判断此单变更、签证是否应该计取；合同条款中是否明示变更、签证低于多少金额不计取的条款。

另外，对于变更、签证，甲方要求做到月清月结，对施工单位申报资料、咨询公司审核的时效性提出很高要求。很多人误以为变更、签证的编制、审核简单，其实这是一种误解，面对复杂、多样的情况，能否考虑全面，正是体现造价从业者综合能力的试金石。

在总包重计量的过程中，有时甲方要求把一部分设计变更计入转总。如果施工图部分和设计变更部分分开核对还好，要是放在一起核对，就容易变得混乱。一方面，在把设计变更计入模型的过程中，因为理解上的不同，出现不统一的情况，对于某一单设计变更，有的人计了，有的人没有计；另一方面，对于设计变更的计取情况，无论是咨询公司内部沟通，还是与施工单位、甲方之间的沟通都会存在"说不清"的情况，或者要用大量语言、文字才能表述清楚，浪费很多时间。为了操作更高效，我在实际工作中总结出一套方法，主要适用于变更、签证等涉及"多单、多人、多方"的情况，我称之为"变更签证工作法"。

变更签证工作法的主要逻辑是：竖向将变更、签证依次罗列；横向按照不同单体、不同工作内容划分，这样能够保证横竖交叉的每一方格在工作属性上具有唯一性，从而将全部工作分配给整个项目团队。在交叉方格中可以用对勾、空白等逻辑值分别表示需调整、不调整等结果。

在使用过程中，变更签证工作法的表格一般由项目负责人负责编制和调整，项目团队其他成员负责查看和执行（表8-1）。在实施过程中团队成员可提出修正意见，形成核对前终版。这样做方便对量时进行二次调整，并将核对后终版发给甲方查看。

表 8-1 变更签证工作法表格

序号	图纸	变更事项	楼栋					
			地库		高层		配建	
			工程量	价格	工程量	价格	工程量	价格
一		结构						
（一）		地库						
1	结变1-A-1～结变1-A-38	结施-13～结施-14替换为结变1-A-1～结变1-A-2，结施-30～结施-33替换为结变1-A-3～结变1-A-6，结施-36～结施-43替换为结变1-A-7～结变1-A-14，结施-46～结施-53替换为结变1-A-15～结变1-A-22	√					
2	结变1-A-39	结施-PD1替换为结变1-A-23	√					

（续）

序号	图纸	变更事项	楼栋					
			地库		高层		配建	
			工程量	价格	工程量	价格	工程量	价格
3	结变1-A-40~结变1-A-43	结施-LT1~结施-LT4替换为结变1-A-24~结变1-A-27	√					
4		补充说明顶板覆土厚不小于1.5m	√					
5	结变1-0-3	补充坡道两侧墙配筋详图，防爆波电缆井大样，柱加腋详图，见结变1-0-3	√					
6	结变1-0-3	增加23轴~BT轴处电梯基坑，详见结变1-0-3，基础集水坑定位详建筑	√					
7	结变1-0-3	修改地下一层局部柱布置图、地下二层局部柱布置图，见结变1-0-3，配筋见原图	√					
8	结变1-A-40~结变1-A-43	楼梯坡道截水沟详见楼梯坡道详图	√					
（二）		7、8、11、12、15#						
1	结施-F5~结施-F7	结施-F5~结施-F7中修改GBZ2详附图一			√			
2	结施-F5~结施-F7	结施-F3~结施-F7中修改GBZ8详附图一			√			
3	结变1-B-1~结变1-B-10	结施-E1~结施-E10替换为结变1-B-1~结变1-B-10			√			
4	结变1-B-11、结变1-B-12、补充结变1-B-13	结施-F1替换为结变1-B-11，补充结变1-B-12、结变1-B-12			√			
5	结变1-B-14~结变1-B-26、补充结变1-B-27	结施-G1~结施-G13替换为结变1-B-14~结变1-B-26，补充结变1-B-27			√			

(续)

序号	图纸	变更事项	楼栋					
			地库		高层		配建	
			工程量	价格	工程量	价格	工程量	价格
6	结变 1-B-28～结变 1-B-35	结施-H1～结施-H5 替换为结变 1-B-28～结变 1-B-35			√			
7	结变 1-B-36～结变 1-B-41	结施-L1～结施-L6 替换为结变 1-B-36～结变 1-B-41			√			
8	结变 1-B-42	楼座周边风井详补充图纸结变 1-B-42			√			
9	结变 1-B-43～结变 1-B-44	楼梯详图结施-T1～结施-T2 替换为结变 1-B-43～结变 1-B-44			√			
10	结变 1-B-Y2～结变 1-B-Y3	外檐详图结施-Y2～结施-Y3 替换为结变 1-B-Y2～结变 1-B-Y3			√			
11		室外电梯结构顶结构梁板顶标高更改为 4.350m，A-A 剖面雨篷悬挑长度更改从梁边净悬挑 1050（与建筑核对施工）			√			
(三)		配建						
1	结变 1-C-1	配套公建一补充 DJP02 配筋，1 轴/A～B 轴处梁配筋调整，具体见结变 1-C-1					√	
二		建筑						
(一)		总图						
1	建变通 01-13	补充出地面电梯标高，具体内容详见建变通 01-13	√					
2	建变通 01-13	补充居民健身场地标高，具体内容详见建变通 01-13	√					

(续)

序号	图纸	变更事项	楼栋					
			地库		高层		配建	
			工程量	价格	工程量	价格	工程量	价格
3	建变通01-13	补充黑号站出地面覆土范围和标高，补充汽车坡道覆土范围，具体内容详见建变通01-13，覆土范围尺寸定位详见地库图纸	√					
4	建变通01-13	黑号站出地面竖井位置调整，具体内容详见建变通01-13，尺寸定位详见地库图纸	√					
(二)		营造做法						
1	建施说-4	建施说-4 地防2 第3条干铺石油沥青纸胎油毡一层改成聚酯无纺布一层	√					
2	建施说-4	建施说-4 地防4 去掉粗砂垫层	√					
3	建施说-4	建施说-4 地防5 第3条挤塑型聚苯乙烯保温隔热板（B1级）厚度改为50	√					
4	建施说-4	建施说-4 地防6 去掉粗砂垫层	√					
5	建施说-4	建施说-4 地面9 第3条细石混凝土厚度由70变成120	√					
6	建施说-4	建施说-4 地面12 首层卫生间和阳台结构降板由185改成210			√			
7	建施说-4，详备注附图	建施说-4 补充地面5和地面5A地面做法和适用范围	√	√	√	√		
8	建施说-5	建施说-5 楼面2 标准层卫生间和阳台结构降板由145改成170			√			
9	建施说-5，详备注附图	建施说-5 内墙4 增加地下填充内墙做法	√	√				

(续)

序号	图纸	变更事项	楼栋					
			地库		高层		配建	
			工程量	价格	工程量	价格	工程量	价格
10	建施说-5	台阶做法同坡道,具体内容详见建施说-5A		√				
11	图集 12J2-C5	地下室侧壁灰土参考 12J2-C5	√	√				
12	详备注附图	补充外墙 5 做法		√				
13	建施说-6,详备注附图	强弱电井、补风机房、排烟机房、电控室、电信间、配电间、热力小室、风井室名做法有调整	√		√			
14	建施说-6,详第 9 条备注附图	人防内墙 1 做法改为无机涂料墙面,同非人防区内墙 4 做法,具体详见第 12 条变更		√				
15	建施说-6	人防内墙 2 做法去掉腻子,第一条水泥砂浆改为白水泥砂浆		√				
16	建施说-6	地面 1 适用部位补充集气室、除尘室	√					
17	建施说-6	地面 2 适用部位补充储油间和进风机房	√					
18	建施说-6	内墙 2 适用部位补充集气室、除尘室、储油间	√					
19	建施说-4	地库顶板由建筑找坡改为结构找坡,结构找坡方向详见结构图纸,地防 3 至地防 7 做法"最薄 50 厚 C25 细石混凝土保护层内配圆 6@200 单层双向钢筋(按 6m×6m 分箱浇筑,缝宽 20,缝内满填嵌缝油膏)向外侧找坡,找坡最高点不超过 300 厚"改为"50 厚 C25 细石混凝土保护层内配圆 6@200 单层双向钢筋(按 6m×6m 分箱浇筑,缝宽 20,缝内满填嵌缝油膏)"	√	√				

(续)

序号	图纸	变更事项	楼栋					
			地库		高层		配建	
			工程量	价格	工程量	价格	工程量	价格
20		施工图设计说明建施说-1和建施说-3 第6.0.4调整为做1%坡度坡向地漏；第6.0.5调整为用细石混凝土垫层标号详见营造做法表，厚度大于100时采用LC7.5轻集料混凝土填充；第7.0.8雨水口做法调整为E2-7、E4-F、E5-3、E5-5；第9.0.2调整为向地漏找3%坡；第9.0.5板顶做法调整为详见营造做法楼面7；第11.0.6厨房墙面防水高度调整为不低于300；第11.0.7调整为管道竖井、配电间等电气设备相关房间设100高（地下的变配电间、弱电间为100高）；第14.0.3《住宅装配式栏杆标准化部品》调整为V3.0；第14.0.5楼梯踏步防滑条做法调整为12J8第68页3节点	暂不考虑	暂不考虑	暂不考虑	暂不考虑	暂不考虑	暂不考虑
21		海绵城市专篇建施说-11建筑密度改为13.49%	无影响	无影响	无影响	无影响	无影响	无影响
22		绿色建筑设计专篇（一）建施说-7 第4.1.2女儿墙主体部位高度改为0.6m，第4.1.3无障碍住宅改为52套	无影响	无影响	无影响	无影响	无影响	无影响
23	详第12条备注附图	建施说01-6 外墙5适用于汽车坡道、自行车坡道、楼梯间出地面外墙	√					

8.7 结算

结算是全过程造价实际工作的最后一步，因为涉及每家供应商的项目最终金额，因此至关重要。结算分为几步，结算过程中有哪些要点呢？

（1）结算资料齐整。这句话说起来容易，做起来难。结算资料包括但不限于合同、合同清单或重计量清单、施工图或竣工图、进度款资料、签证变更资料、竣工验收资料或完工单、违约扣款资料、施工单位上报结算书等。其中，竣工验收资料或完工单证明该供应商已经完成合同全部内容，质量验收合格，具备结算条件。对于涉及总包撤场的结算，结算资料齐整显得尤为重要。要明确总包撤场截止时间所对应的形象进度，除了实体工程外，还要对措施工程进行确认，地产公司、施工单位、监理公司等几方书面签字。

（2）明确合同类型。依据合同约定，明确是固定总价合同还是固定单价合同。如果是固定总价合同，除非合同中有约定可调整金额的条款，否则总价包干。如果是固定单价合同，需要明确甲方要求，是采用竣工图的方式结算，还是采用施工图+签证变更的方式结算。用竣工图结算，需要依据完整的竣工图重新计量。实际工作中，采用施工图+签证变更的方式结算更为常见。

（3）明确是用合同清单还是重计量清单。这取决于招标阶段是用施工图招标还是模拟清单招标。如果是前者，就用合同清单；如果是后者，就用重计量清单。要注意的是，如果合同有过重计量，重计量是否"闭口"，特别是争议有没有全部解决，需要进行核实。

（4）现场签证、设计变更是否做到月清月结。标杆地产的要求是现场签证、设计变更要做到月清月结。如果已完成，结算时汇总即可；如果未完成，结算时对剩余部分进行审核。

（5）人工、材料调差。依据合同约定的调差原则，结合每期进度款确认的工程量计算调差金额。以混凝土为例，通常约定为当期价格与基准价格超过±5%时，仅对超过部分进行调差，否则不予调整。要注意的是，基准价格不同于投标价格，基准价格和当期价格都是当时的市场价格水平，而投标价格是施工单位为中标上报的更有竞争力的价格。

（6）合同中影响结算金额的约定条款，例如：扣款。扣款的种类有很多：工程水电费的代扣代缴导致的扣款，工期延误影响正常交付导致的扣款，因施工质量、安全不合格导致的扣款，有些合同约定，结算申报金额超过结算审核金额5%以上，对于超过部分给予一定比例的扣款，施工单位超领甲供材导致的扣款等。

（7）因税收方面的调整，营改增之后，国家税务总局对建筑业增值税做了几次调整，从最早的11%，到10%，再到9%。有些项目横跨几个税率周期，要根据已开发票对结算金额进行调整。除此之外，有的项目还会采用保理贴息等付款方式，这些都会影响最终的结算价格。

对于施工单位，项目盈利与否看结算。对于地产公司、咨询公司，成本管控目标是否完成看结算。而对于造价从业者，结算看真功夫。只有专业技术过硬、经验丰富才能做好结算工作。

第 9 章 咨询公司的"来龙去脉"

9.1 岗位职责及要求

1. 项目负责人的岗位职责及要求

(1) 项目负责人应根据造价业务特点反馈工作安排,根据工作量大小、紧急程度、工作性质等因素,判断是否需要后台人员配合完成,并由项目负责人、部门经理或专业负责人协商确定。如确定需后台人员配合完成,由部门经理或专业负责人根据后台人员现有工作、专业能力等因素统筹安排。

(2) 对于自身专业范围内、沟通性强、工作量小但时间要求紧的工作(包括但不限于前期测算、模拟清单及参考价、小型分包招标、进度款、签证变更月清月结、结算等),应做到自行完成。

(3) 对于工作量大、需后台本专业或其他专业配合(包括但不限于总包重计量;外檐装饰、外檐保温、门窗、精装、景观、消防、弱电等专业暂估价部分的招标;批量签证、变更审核等),项目负责人在接到甲方委托的造价业务后,应及时收集甲方提供的全部基础资料,做好分工,明确完成时间、文件格式及其他要求,并做好工作台账记录。

(4) 项目负责人需牵头各项工作的实施、技术交底、过程跟进、汇总整理并作为一级审核人审核成果文件,对过程中遇到的问题及时反馈给甲方,确保信息交圈,积极与后台人员沟通,做到不返工。

(5) 项目负责人应收集、整理成果文件(包括但不限于广联达计量模型、EXCEL 计算稿、CAD 底图等),做到及时归档。

2. 后台造价人员的岗位职责及要求

(1) 后台造价人员对于公司安排的工作,应做到按时完成,并对工作质量负责,提交成果文件前应做到自查。

（2）业务实施过程中，后台造价人员对于工作难点应及时提出，并积极寻求解决方法。对于基础资料的缺失、不符、错误等问题，以问卷形式及时提出。

（3）后台造价人员完成造价业务后应向项目负责人提交全部成果文件（包括但不限于广联达计量模型、EXCEL计算稿、CAD底图等），并留存过程版本，以便于复查和溯源。

（4）后台造价人员应及时整理电脑文件资料，避免因疏于整理导致的文件版本错误或丢失。

9.2 公司类型、制度与流程

1. 咨询公司的部门设置和组织架构

在独立经营的咨询公司里，除去领导层，部门设置和组织架构大致如下：

（1）总工办。解决技术难题，审核成果质量，提供技术支持，培训员工技能、建立工作标准、搭建数据平台。

（2）造价咨询部。按专业分为土建、安装、市政、园林、精装等，按部门分为一部、二部等。

（3）招标代理部。

（4）行政人事部。

（5）财务部。

2. 咨询公司的制度

（1）三级审核制度。三级审核制度是咨询公司常见的质量管理制度，通过项目负责人—部门负责人—技术负责人三级把关，保证成果文件质量。如果落实到位确实能起到质量管控作用。如果出现质量问题原因在于中层管理者承担过量工作，审核时间有限，仅能审核关键要点，基础性错误不易发现。解决这个问题重点在于标准化，做到基础性工作有标准，灵活性工作有模板，有数据库作为支持。说到底，咨询公司的发展趋势是标准化、平台化、数据化。

（2）绩效提成制度。绩效提成制度，是薪酬体制的一种。正所谓多劳多得，一方面提升了员工积极性，另一方面降低了企业风险，多见于业务稳定的大中型企业。但在实施过程中，有时员工做的项目耗时长但绩效低，有时基本工资过低，绩效权重大，完成压力大，会导致员工积极性受影响。绩效提成制度出发点是好的，只是需要配合其他管理手段加以实施。个人建议的解决方法：一是根据项目特点调整绩效权重，例如：公司制定出基础绩效标准（按建筑面积或者造价），有的项目耗时长，需在此标准上提高绩效权重；二是根据组织做出调整，例如：公司按比例计算出总绩效给项目团队，由项目负责人或组长进行分配，但分配方案必须由公司领导最终审批后实施，避免出现某人跟项目负责人关系好而向他倾斜的不公平的现象发生。

3. 咨询公司的管理

（1）扁平化、高效率（大中型企业）。咨询公司属于劳动密集型产业，主要成本为人工成本。随着时间的迁移，人工成本越来越高，而造价行业技术门槛较低，为了中标企业之间相互压价，使得利润变薄。为了保证利润，有两种方法：一是延长劳动时间，二是提高工作效率，即工作量＝劳动时间×工作效率。因此，咨询公司具有扁平化的组织架构、高效率的工作流程等特点。每个人专注工作，人际关系简单，员工之间的沟通更多来自工作需要。

（2）加班、归属感等文化（小企业）。对于小企业而言，因为业务量少的原因，制度、流程并没有那么完善，更多以项目为主导、以人为本来进行管理。以项目为主导，在无法提高工作效率的前提下，只能通过延长劳动时间来完成业务，所以带来了加班文化；以人为本，老板通过人格魅力，创造归属感，传播正能量企业文化来稳定员工，避免同一时间有大量员工跳槽。

4. 咨询公司的造价业务岗位

在咨询公司中，与造价业务相关的岗位如下：

（1）总工。解决技术难题，审核成果质量，提供技术支持，培训员工技能、建立工作标准、搭建数据平台。

（2）审核人员。属于总工办，协助总工审核成果文件质量。

（3）造价咨询部负责人。负责协调各组、各专业的人员安排，对造价咨询业务的所有事宜负责。

（4）部长（或专业负责人）。负责某一业务范围（或专业）的所有事宜，包括但不限于业务分配、质量控制、招聘、人员管理、团队建设、新人培养、项目回款、绩效考核等。

（5）项目负责人。独立负责一个或多个项目（如果需要驻场，多为驻场人员）。

（6）造价员。在组里协助各项目负责人完成具体业务，受组长领导。

（7）实习生。在学习的同时，协助完成一些简单重复、技术要求低的工作。

5. 咨询公司的造价业务

咨询公司的造价业务，根据甲方委托形式分为阶段性造价或全过程造价，阶段性造价更多是指招标阶段或结算阶段。目前多数项目委托形式为全过程造价，具体内容包括但不限于目标成本、估算、清单及控制价、清标、合同组卷、进度款、签证变更、结算、后评估等。根据专业不同分为土建、安装、市政、园林、精装等。

9.3　全过程造价的具体工作

随着项目成本管控从阶段性到全过程，造价业务也转变为全过程造价。那么，全过程造价包含哪些具体工作呢。下面我们以地产项目为例做简单介绍，具体内容详见表9-1。

表 9-1　全过程造价咨询服务工作内容及要求

服务阶段	服务工作内容及输出成果		质量要求	时限要求	输出文件格式要求	备注
	工作内容	输出成果				
设计阶段	成本策划以及成本目标的编制	根据项目的性质、规模、标准、功能定位，提供相同/类似业态专业造价指标，协助委托人制定各专业造价指标，并最终协助委托人进行项目的工程成本策划以及成本目标的编制	成本策划、目标成本	全面考虑对其他相关联专业的造价影响，测算数据合理、准确，依据充分	在甲方要求的时间内完成	以甲方要求格式为准	
	设计方案测算、比选	根据甲方提供的施工图纸、文件等资料，并及时与甲方成本及设计人员沟通，做出成本估算，并进一步根据设计图纸的深化和修改，修正成本估算，使之逐渐趋于更加准确。针对不同设计做法、不同材料设备选型进行成本分析比较。按甲方的成本控制目标，提供综合性成本意见，包括提出设计优化方面的建议，以使设计符合甲方的造价控制指标	方案测算对比表及优化建议	全面考虑对其他相关联专业的造价影响，测算数据合理、准确，依据充分	在甲方要求的时间内完成	格式自拟并按甲方要求完善	
	深化合约规划	协助甲方编制本工程初步的合约规划，并简述标的内容、特征、范围，便于进行工程造价的动态控制	初步合约计划	合约内容完整，界面划分清晰，无遗漏或重叠	在甲方要求的时间内完成	格式自拟并按甲方要求完善	
	资金规划	根据工程进度，制定资金规划，合理控制资金使用：资金的运作过程产生效益，为甲方提供一个良性的资金使用管理计划平台，保证资金的运用发挥最佳的效益，减少资金的使用成本，发挥最大的资金使用效果 (1) 根据工程进度提供资金使用动态的管理图 (2) 按月进行划分资金使用流量	资金支出计划	资金支出计划与工程进度匹配	在甲方要求的时间内完成	格式自拟并按甲方要求完善	

（续）

服务阶段	服务工作内容及输出成果		质量要求	时限要求	输出文件格式要求	备注
	工作内容	输出成果				
设计阶段	单体施工图阶段设计优化	在较短时间内完成结构含量测算，并提交报告。并给出各专业成本优化建议	施工图钢筋、混凝土含量	短时间内完成	在甲方要求的时间内完成	格式自拟并按甲方要求完善	
	方案版目标成本	根据确定的方案设计图纸及经济指标等进行测算，完成该阶段目标成本编制	目标成本	全面考虑各个方面因素对造价的影响，数据来源合理、明确，依据充分	委托人提出要求后【20】个日历天	以甲方要求格式为准	
招标阶段	修订合约规划	按项目开展需要，提前梳理并动态修订合约规划	修订合约计划	合约内容完整，界面划分清晰，无遗漏或重叠，各项预留金额可以满足招标需求	在甲方要求的时间内完成	格式自拟并按甲方要求完善	
	招标计划	编制全周期招标计划，每月与甲方讨论并结合现场实际需要调整招标计划。督促提醒工程部每季度按时报季度招标需求	招标计划	招标计划满足项目开发节点要求，实际可行	在甲方要求的时间内完成，季度招标需求计划需提醒工程部在季度末月25日前完成	格式自拟并按甲方要求完善	
	招标立项	提醒项目工程部及时完成招标立项书的编制，并及时向成本部反馈	招标立项	跟踪招标立项书的完成情况并及时反馈	跟踪		
	招标资料管理	建立图纸及其他招标资料目录及台账，并按甲方要求分类整理存档	招标资料台账	1. 收到图纸或其他招标资料后，及时进行登记、编制或更新台账，确保无遗漏 2. 注明图纸名称、编号、出图日期、版次及收文日期	收到招标资料后【1】个日历天	格式自拟并按甲方要求完善	
	办理项目政府招标手续	配合办理项目政府招标手续（含预算造价监管手续），提供造价相关审查意见资料	造价相关审查意见资料	按照甲方要求执行	收到招标资料后【2】个日历天	格式自拟并按甲方要求完善	

（续）

服务阶段	服务工作内容及输出成果		质量要求	时限要求	输出文件格式要求	备注
	工作内容	输出成果				
招标阶段	图纸审核	1. 对图纸进行审核，有图纸错误、缺失情况应及时以书面形式与业主沟通、确认。 2. 对于图纸深度不够的情况，应及时向甲方提出并落实确认；对于影响成本和招标的因素，应提出预警并列出建议甲方招标时应进行封样的样品清单	招标疑问清单	1. 图纸审核需全面、仔细 2. 招标疑问需描述清晰，必要时添加附件说明	收到招标资料后【2】个日历天	格式自拟并按甲方要求完善
	招标文件	提供合同界限划分、合同条件建议，编制招标文件提交甲方审阅	招标文件建议	1. 合同界面划分清晰，无遗漏、重叠 2. 拟定合同条款符合工程实际情况，描述清晰、无歧义 3. 对于可能存在的风险，给予提醒和规避建议	收到甲方指示后【3】个日历天内	格式参照集团发布合同标准文本
	工程量清单编制	1. 工程量计算准确 2. 清单描述应完善、清晰、无歧义，起到指导投标报价的作用 3. 招标界面准确，无丢项、多项，无链接错误 4. 甲方有固定格式、条款、要求的，以甲方制度为准	工程量清单	1. 工程量计算误差应控制在±3%以内；缺项、多项、错误等引起的造价差额应控制在±1.5%以内 2. 文字清晰、排版整齐。必须有相关专业造价工程师盖注册章、公司负责人签字盖章，并盖公司章 3. 清单说明和报价要求清晰完整	1. 模拟清单总承包工程：委托人提出要求后【7】个日历天内；转包干总包工程：委托人提出要求后【20】个日历天内 2. 批量精装修委托人提出要求后【10】个日历天内 3. 收到每个暂估价单项工程的图纸后【7】个日历天内 4. 原则上按照上述日期执行，具体情况以甲方通知为准	格式按照集团标准清单格式编制，可结合项目实际情况修改完善

(续)

服务阶段	服务工作内容及输出成果		质量要求	时限要求	输出文件格式要求	备注
	工作内容	输出成果				
招标阶段	招标答疑	对投标人疑问进行解答，编制及发放招标文件修改部分、补充文件及答疑文卷等往来文件，需要其他部门配合答疑的，应及时沟通，并跟踪答疑进度，以满足整体答疑回复时间要求	招标疑问回复	1. 符合招标要求 2. 回复内容清晰、明确、有针对性和条理性，必要时添加附件说明	收到投标人疑问文件当天	以甲方要求格式为准	
	投标控制价	1. 措施项目费应参考两个以上类似工程合同清单中措施费比例计取 2. 综合单价组价中人材机含量、单价、取费费率应符合当地市场实际水平，对工程造价有影响的市场调研成果应在标底编制时充分考虑 3. 包括编制说明、标底清单及单价组成分析	标底	1. 标底金额与定标金额差距应在±10%以内 2. 文字清晰、排版整齐。必须有相关专业造价工程师盖注册章、公司负责人签字盖章，并盖公司章	1. 总承包工程：委托人提出要求后【7】个日历天内 2. 专业分包工程：委托人提出要求后【2】个日历天内	格式按照集团标准清单格式编制，可结合项目实际情况修改完善	
	商务标清标	1. 对投标文件整体的符合性、响应性做出判断；如工期、质量标准、付款条件、样品、品牌、报价格式等是否满足招标文件要求 2. 对投标报价的算术误差进行修正 3. 对报价各个组成部分的基础数据进行对比分析，利用造价比例、造价指标等方式进行判断，找出偏低偏高项和不平衡报价及潜在的理解偏差，形成商务标清函分析重点审查内容 1）对工程量大或造价比重较大的项目重点审查 2）对技术要求描述不清晰的项目重点审查 3）对措施费等按"项"报价项目，应参考技术方案有针对性审查	询标问卷、清标对比表、清标成果表	1. 清标对比表、清标成果表的格式、内容及质量符合甲方要求 2. 在甲方要求的清标时间内完成 3. 清标范围需涵盖工作内容中列出的项目，且存在问题已反映在成果中 4. 清标的深度应确保清出报价中明显存在的不平衡报价或偏离市场的价格并反映在成果中 5. 正确修正了报价中的误差，得到修正后报价	标函分析根据询标次数确定，一般不超过三次，每次标函分析应在委托人提供投标单位投标书后【3】个日历天内完成，同时委托人根据工程大小实际情况有缩短编制或分析时间的权利	附表 6：××项目标函分析 附件 7：××项目清标成果汇总表	

(续)

服务阶段	服务工作内容及输出成果		质量要求	时限要求	输出文件格式要求	备注
	工作内容	输出成果				
招标阶段	商务标清标	4) 对总价、单价及组成要素价格的合理性进行对比分析时应参考当地市场价格进行对比分析,不应盲目对比各投标单位报价得出偏低偏高项 5) 对投标人所采用的报价技巧进行甄别并提出合理化解决建议供甲方参考 6) 若在清标中发现招标文件或清单表述不严谨的地方,应在清标问卷中妥善修正		6. 清标人员数量满足清标工作需求			
	商务谈判	1. 协助甲方与投标人进行商务谈判 2. 商务谈判前积极审核、分析回标文件可能存在的风险,提供谈判要点清单和对应谈判建议供甲方参考 3. 参与谈判过程并形成书面谈判纪要	谈判要点清单及谈判纪要	1. 积极、主动参与,风险分析全面 2. 谈判纪要描述清晰、完整、无歧义	按甲方要求	以甲方要求格式为准	
	编制评标/定标	按照甲方制式模板,完成评标/定标报告	评标/定标报告	1. 要求信息填写准确无误 2. 报价与内部项目对比分析合理,与外部项目对比准确分析报价水平 3. 最终形成总体的合理性分析判断	委托人提出要求后【2】个日历天	以甲方要求格式为准	
	编制合同文件	编制合同文件初稿并交甲方审阅,根据甲方各部门反馈的意见进行修订,并与中标单位沟通直至形成最终正式的合同文件	合同文件	1. 合同资料汇编完整、次序正确 2. 合同份数符合甲方要求	委托人提出要求后【3】个日历天	以甲方要求格式为准	
	招标总结	协助甲方提供招标工作总结,包括签约目标控制值与定标价的比较,及定标价对总成本指标的影响。所有工程招标工作结束后,协助甲方提供整个工程的招标总结,比较、分析合同签约价对合约计划目标值的影响程度并提供预警分析报告	招标总结报告	数据、原因分析准确	每项工程招标工作结束后【10】个日历天	格式自拟并按甲方要求完善	

(续)

服务阶段	服务工作内容及输出成果		质量要求	时限要求	输出文件格式要求	备注
	工作内容	输出成果				
施工阶段	施工图版目标成本	根据下发的施工蓝图等资料进行测算，完成该阶段目标成本编制	目标成本	全面考虑各个方面因素对造价的影响，数据来源合理、明确，依据充分		以甲方要求格式为准	
	合同转固定/重计量	1. 重计量结果应包括编制依据及说明、重计量审核报告、双方确认的工程量清单汇总表及明细表、图纸目录及未定事项 2. 按甲方要求提供审核明细及与造价有关的其他需要说明的问题，包含但不限于计算底稿、价格依据、询价记录等；过程资料应形成书面记录，重计量结果应具有可追溯性 3. 按重计量结果提供项目经济技术指标评估分析表，与合同暂定量进行对比，分析差异原因及为以后类似项目模拟清单提供建议	重计量审核报告和经济技术指标分析报告等	咨询人和施工单位核对后的结果与委托人另行委托第三人审核结果误差控制在±1.5%以内。审核结果误差＝(咨询人和施工单位审核认定结果－委托人核定的结果)/委托人核定的结果×100%	总承包工程必须在委托人提供施工图后【50】个日历天内完成，同时委托人根据工程大小实际情况有缩短时间的权利	附表8：××项目指标表，其他格式按甲方要求	
	进度款审核及预警	1. 依据工程形象进度计算工程实际投入，提供各合同的资金计划、投入计划与现实付款、实际投入情况的差异分析比较，包括各合同已完部分的实际支出及未完部分的估算支出。如有超出概预算情况及时向甲方汇报，并提供分析报告及建议（避免欠付或超付） 2. 建立、更新项目各合同投入/付款台账 3. 按照工程部签确的现场进度并结合现场实际，按时完成进度款审核	进度款审核单、台账	1. 工程投入与实际进度相符 2. 付款评估符合工程进度、合同付款条件 3. 评估及时、数据准确 4. 进度款资料符合填报要求，无错漏 5. 进度款产值计算准确	每月20日前	格式按甲方要求，甲方无要求的可自拟并按甲方要求完善	
	变更、签证资料管理	建立变更、签证台账并及时更新	变更签证台账	更新及时，无错漏	收到资料后【1】个日历天	以甲方要求格式为准	

（续）

服务阶段	服务工作内容及输出成果		质量要求	时限要求	输出文件格式要求	备注
	工作内容	输出成果				
施工阶段	变更、签证	1. 对即将发生的设计变更、洽商等提供多方案比选或替代方案的估值建议，并协助甲方完成设计变更决策的造价评估；对已签发的设计变更、洽商等根据甲方的要求进行估价、比价、审核施工方报价及最终协议价，并对这4个过程进行全程控制 2. 按甲方要求提供审核明细及与造价有关的其他需要说明的问题（包含但不限于计算底稿、价格依据、询价记录等） 3. 建立及实时更新过程资料登记台账（定期与承包商核对）、分类整理及保存包括图纸、变更洽商、往来函件等在内的所有书面文件及电子版。协助甲方对设计变更、洽商等按原因分类归档，如设计缺陷、客户修改、承包商施工不当、供货不及时等原因 4. 变更、签证实施完成后完成一单一结的审核工作并上线审批，将公司的审批结果跟施工单位充分沟通、协商确定 5. 根据实际需要，完成相关的收方工作，做好相关数据记录，留存影像资料，及时签确	变更、签证审核表，过程资料登记台账，一单一结流程表单	1. 及时登记、更新变更/签证台账；注明合同名称、承包单位、编号、日期、涉及内容摘要、原因等关键信息 2. 确属按合同条款需发生费用的变更、签证合格率100%，定额/清单子目无缺、多、错，工程量偏差在±1.5%范围内，如为合同内单价套用准确率100%，有需替换单价替换子目及准确率99% 3. 乙方出具的变更签证测算金额与最终确定金额误差率不超过10%（测算方案与实际执行方案不同的情况除外） 4. 一单一结资料签字齐全，价格依据充分合理； 5. 收方单及时、有效，各方签字齐全，数据图示清晰明了	收到资料后【2】个日历天	格式自拟并按甲方要求完善	
	认质认价	完成施工过程中材料、设备、事项的认质认价工作	认质认价	1. 充分调研市场价格水平 2. 询价依据充分、有效 3. 价格水平合理	收到甲方指示后【7】个日历天内	以甲方要求格式为准	

（续）

服务阶段	服务工作内容及输出成果		质量要求	时限要求	输出文件格式要求	备注
	工作内容	输出成果				
施工阶段	索赔	索赔及反索赔相关工作 1) 协助甲方审查、评估承包商提出的索赔 2) 协助甲方对承包商提出反索赔	索赔评估报告/索赔报告	1. 索赔评估/反索赔需在合同约定的时限内完成 2. 理由充分、数据准确可追溯，支持资料完整、关联性强	收到甲方指示后【5】个日历天内	格式自拟并按甲方要求完善	
施工阶段	成本会议	按甲方要求参加涉及工程造价的会议，如图纸会审、设计协调会、工地例会等，配合甲方进行合同交底、释疑，对可能影响工程造价的事项及时进行费用评估、提出合理化建议	会议纪要/费用评估报告	1. 充分理解合同条款，合同释疑清晰、准确；并形成书面会议纪要 2. 费用估算合理、依据充分	按甲方要求	格式自拟并按甲方要求完善	
施工阶段	过程成本监控	按甲方要求的深度每月、每季度末提交成本监控报表、主要材料市场价格及其他竞品项目综合施工价格	成本监控报表/主要材料市场价格及综合施工价格调查表	1. 成本监控报表需考虑已发生、预计可能发生的变更/签证、调差、索赔等可能影响成本事项，准确反映各合同动态成本，并及时预警 2. 需提供证明资料，如图纸、合同、询价单等来支撑调研数据；对应市场价格及综合施工价格，需注明品牌、规格、型号及产地、项目名称、地址、建筑规模及类型等影响价格因素的主要信息，同类材料设备项目的询价应不少于三个同档次品牌或竞品项目	每月/季度末	格式自拟并按甲方要求完善	

(续)

服务阶段	服务工作内容及输出成果		质量要求	时限要求	输出文件格式要求	备注
	工作内容	输出成果				
结算阶段	竣工结算	1. 根据甲方的结算程序，合同约定的结算方式、时间及相关规定审核总包、各分包工程及材料设备的竣工结算书并提供审核报告，审核报告的结果必须以甲方书面确认为准（包括配合甲方出具最终结算审核意见） 2. 按甲方要求提供审核明细及与造价有关的其他需要说明的问题（包含但不限于计算底稿、价格依据、询价记录等），结算的过程资料应形成书面记录，结算结果应具有可追溯性	工程结算审核报告	咨询人和施工单位核对后的结果与委托人另行委托第三人审核结果误差控制在±1.5%以内。审核结果误差=(咨询人和施工单位审核认定结果–委托人核定的结果)/委托人核定的结果×100%	1. 对本项目总承包合同的结算审核，咨询人应在委托人提供全套图纸、设计变更、现场签证及总承包合同资料后【25】个日历天内完成结算初稿的编制工作 2. 咨询人在收到委托人提供的总承包结算书后【25】个日历天内完成初步审核和核对工作，并提出符合委托人要求的成果文件 3. 对本项目其他各种类别合同总价的结算，应在委托人提供全套图纸、设计变更、现场签证及合同资料后【15】个日历天内完成结算初稿编制工作，并在收到委托人提供的其他类项目结算书后【15】个日历天内完成初步审核和核对工作，向委托人提交符合委托人要求的成果文件	格式自拟并按甲方要求完善	

（续）

服务阶段	服务工作内容及输出成果		质量要求	时限要求	输出文件格式要求	备注
	工作内容	输出成果				
结算阶段	经济指标分析	提供项目经济技术指标评估分析表，与合同价进行对比、分析差异原因	结算经济技术指标分析报告	1. 提供证明资料，如图纸、合同等来支撑数据 2. 数据应具可追溯性	委托人提出要求后【5】个日历天内	附表9：××项目经济技术指标评估分析表，其他格式按甲方要求
	竣工备案证明	配合甲方为获取竣工备案证明而编制的总包竣工结算备案工作	编制总包竣工结算备案文件	按照甲方要求执行	委托人提出要求后【5】个日历天内	以甲方要求格式为准
	配合办理结算相关手续	配合办理项目政府结算手续（含结算造价监管手续），提供造价相关审查意见资料	造价相关审查意见资料	按照甲方要求执行	委托人提出要求后【5】个日历天内	以甲方要求格式为准
	后评估	1. 按照产品业态，对工程结算造价、指标、主材含量等形成系统分析，并与目标成本、招标及合同价、竞品项目造价及主材含量指标进行对比分析 2. 对设计变更及签证进行造价分析和分类统计，形成分析报告反馈给甲方 3. 总结经验、教训，成功经验推广、失败教训规避建议，用于指导未来项目开发	后评估报告	1. 提供证明资料，如图纸、合同等来支撑数据 2. 数据应具可追溯性	结算完成后【30】个日历天内	附表10：××项目后评估报告
其他	其他造价工作	上述表中未列出的可能发生的工作，以及甲方可能临时安排的其他工作事项	其他造价工作	按照甲方要求执行	在甲方要求的时间内完成	以甲方要求格式为准

1. 目标成本阶段

一个项目的目标成本对于地产公司成本部来讲是保密的，因此很少委托咨询公司编制，更多是协助成本工程师（PM）来完成。咨询公司提供估算工程量或指标，为确定目标成本提供依据。此阶段准确率要求低，工程量、指标偏高，目的是留有充足的目标成本。

2. 方案及设计阶段

在方案及设计阶段，成本工程师（PM）要做方案比选、设计优化等"管控动作"，并要求咨询公司提出可优化建议。此阶段准确率要求比目标成本阶段高，工程量、指标尽量准确。可优化建议是体现咨询公司、项目负责人实力的重要体现，除了装饰外，如果能提出更具专业性的建议，定会增色不少。

3. 招标阶段

招标阶段的主要工作有：编制清单及参考价、清标、合同组卷等。从此阶段开始，要求准确率高，工程量、指标准确。通常只有少数地产公司委托咨询公司做合同组卷。合同组卷时，将招标过程中的合同资料收集齐全，按照合同范本整理后打印胶装。

4. 合同履行阶段

合同履行阶段的主要工作有：重计量、进度款审核、签证变更审核、结算审核等。重计量中总包重计量是关键，该成果质量的好坏决定了咨询公司专业水平的高低。设计变更审核的流程：针对变更内容进行估算，判断费用是增加还是减少，费用是多少，甲方审批决定是否出具变更，待甲方出具正式设计变更单后，施工单位上报变更金额，咨询公司审核并核对，确定设计变更费用。

5. 后评价阶段

后评价是指工程项目竣工投产、生产运营一段时间后，对项目进行系统评价的一种技术经济活动。在这一阶段，更多是协助甲方梳理整个项目资料，分析、总结项目中的得失，为以后项目成本管控提供建议。

以上是地产项目全过程造价的具体工作，除此之外，还包括市场调研、资金计划编制、数据分析等工作，相信随着数字化建筑时代的到来，造价咨询的工作将更具有前瞻性、决策性，真正回归"咨询"的本质。

后评价阶段案例

某项目竣工后盘点分析，总体来说，成本管控仍在成本计划可控范围内，满足项目立项要求；由于销售收入增加，超预期实现了项目利润目标要求。可通过成本计划执行情况、成本超支项目分析、成本结余项目分析、合同管理及执行情况评估、变更洽商评估、造价咨询管理评估、项目成本管理经验和教训小结、改进措施建议共八个方面进行总结。

一、成本计划执行情况

说明：总成本增加 x 万元，相比成本计划增加 $x\%$。

（1）土地费用增加约 x 万元，占总成本增加额的 $x\%$。

1）土地征用费增加约 x 万元，占总成本增加额的 $x\%$。

2）与土地相关的费用增加约 x 万元，占总成本增加额的 $x\%$。

(2) 前期费用增加约 x 万元，占总成本增加额的 $x\%$。

1) 行政事业性收费增加约 x 万元，占总成本增加额的 $x\%$。

2) 前期经办费增加约 x 万元，占总成本增加额的 $x\%$。

3) 三通一平及临时设施费增加约 x 万元，占总成本增加额的 $x\%$。

(3) 建筑安装工程费增加约 x 万元，占总成本增加额的 $x\%$。

1) 基础工程费增加约 x 万元，占总成本增加额的 $x\%$。

2) 总包工程费增加约 x 万元，占总成本增加额的 $x\%$。

3) 门窗工程费增加 x 万元，占总成本增加额的 $x\%$。

4) 精装修工程增加 x 万元，占总成本增加额的 $x\%$。

5) 设备安装及专项工程增加 x 万元，占总成本增加额的 $x\%$。

6) 验收及其他费用增加 x 万元，占总成本增加额的 $x\%$。

7) 基础设施增加约 x 万元，占总成本增加额的 $x\%$。

①社区管网工程费及相关费用增加约 x 万元，占总成本增加额的 $x\%$。

②园林环境工程费增加约 x 万元，占总成本增加额的 $x\%$。

③市政设计费增加约 x 万元，占总成本增加额的 $x\%$。

(4) 公共配套设施费未发生。

(5) 预备费约 x 万元，未使用，占总成本增加额的 $x\%$。

(6) 管理费用增加 x 万元，占总成本增加额的 $x\%$。

(7) 销售费用增加 x 万元，占总成本增加额的 $x\%$。

(8) 财务费用增加 x 万元，占总成本增加额的 $x\%$。

(9) 直接成本额增加约 x 万元，占总成本增加额的 $x\%$。

(10) 税金增加 x 万元，占总成本增加额的 $x\%$。

(11) 税前利润率提高至 $x\%$，增加 $x\%$ 的利润率。

总成本增加 x 万元，相比成本计划增加 $x\%$。

二、成本超支项目分析

说明：成本超支包括下列项目：

(1) 土地费用增加 x 万元，单方超支 x 元/m^2，相比成本计划超支 $x\%$。

1) 土地征用费超支 x 万元，单方超支 x 元/m^2；原因是项目分期建筑面积调整，致使一期建筑面积增加，故土地征用费用分摊增加。

2) 与土地相关的费用超支 x 万元，单方超支 x 元/m^2；原因是项目分期建筑面积调整，致使一期建筑面积增加，另新增围坝及土方倒运费 x 万元，发生在整个地块，在一期成本中按 $x\%$ 占地系数分摊即 x 万元；又原成本计划未考虑土地证登记费 x 万元，故与土地相关的费用增加。

(2) 建筑安装工程费增加成本约 x 万元，单方超支 x 元/m^2，相比成本计划超支 $x\%$。

1) 基础工程费减少 x 万元，单方结余 x 元/m^2；原因是土石方、强夯工程费及桩基工程均已计入总包工程费内，基础工程费内仅列支了强夯基础检测、基础筏形基础检测费及桩基检测费等；故基础工程费减少。

2) 总包工程费增加 x 万元，单方超支 x 元/m^2；原因是住宅总包工程合同内计入了桩基础工程 x 万元；商业网点总包工程费内计入了土石方、强夯工程费 x 万元；原成本计划考虑不周详，未考虑热量表、锁闭阀、塔钟等增加 x 万元；原成本计划编制时无图纸，工程量估算不准，且人工、主材涨价幅度过大；施工图纸设计变更及现场签证变化较多，致使费用增加；因集团为保证楼盘品质，提高商业网点与住宅外立面装饰标准，且市场人工、材料价格上涨，致使成本造价增加。

3) 门窗工程增加 x 万元，单方超支 x 元/m^2；铝合金门窗因施工图设计变更增加费用 x 万元，单方超支 x 元/m^2；入户门工程增加 x 万元，单方超支 x 元/m^2；原因是精装修标准提高，入户门标准也随着提高及增加 IC 卡密码锁功能，致使费用增加。因集团为保证楼盘品质，提高商业网点与住宅外立面装饰标准；且市场人工、材料价格上涨，致使成本造价增加。单元门工程增加 x 万元，单方超支 x 元/m^2；原因是成本计划考虑不周，标准过低，外立面装饰标准提高，致使单元门费用增加。

4) 精装修工程增加 x 万元，单方超支 x 元/m^2。因集团为保证楼盘品质，提高精装修及外立面、景观工程标准；精装修标准由可售单方 x 元提高至 x 元，其中空调工程、燃气热水器、木制作、厨房标准均有较大提高。

5) 验收及其他费用增加 x 万元，单方超支 x 元/m^2；因集团关于物业管理收费标准变化，致使费用增加。

6) 基础设施费增加成本约 x 万元，单方超支 x 元/m^2，相比成本计划超支 $x\%$。

7) 社区管网工程费及相关费用增加 x 万元，单方超支 x 元/m^2。

①自来水工程费及相关费用增加 x 万元，单方超支 x 元/m^2。

②热力工程及相关费用增加 x 万元，单方超支 x 元/m^2。

③燃气工程及相关费用增加 x 万元，单方超支 x 元/m^2。

④供电工程及相关费用增加 x 万元，单方超支 x 元/m^2。

原因是以上分项均属行业垄断，因收费标准提高，致使费用增加。

⑤雨污水工程及相关费用增加 x 万元，单方超支 x 元/m^2。

原因是成本计划编制时图纸不清，工程量估算不准，材料上涨幅度过大所致；另商业网点西侧污水管线破损维修事宜增加 x 万元，属于项目周边协调费用增加。

8) 园林景观工程费增加 x 万元，单方超支 x 元/m^2。

园林景观工程费用增加 x 万元，单方超支 x 元/m^2，道路工程增加 x 万元。因集团为保证楼盘品质，提高商业网点与住宅景观园林标准，另施工图设计变更、现场签证增加，致使费用增加。

室外儿童游乐设施增加 x 万元，单方超支 x 元/m^2；商业泛光照明增加 x 万元，单方超支 x 元/m^2；信报箱增加 x 万元，单方超支 x 元/m^2。原因是成本计划未考虑室外儿童游乐设施、商业泛光照明、信报箱，因项目品质需求，致使费用增加。

换热站增加 x 万元，单方超支 x 元/m^2；因保证品质，保证冬季供暖，增加临时换热站费用。

（3）税金增加 x 万元，单方超支 x 元/m^2，相比成本计划超支 $x\%$；因销售溢价及财务费用盈余带来税金增加。

三、成本结余项目分析

说明：成本结余包括下列项目。

（1）前期费用减少成本约 x 万元，单方结余 x 元/m^2，相比成本计划结余 $x\%$。

1）前期经办费减少 x 万元，单方结余 x 元/m^2。

①规划、方案设计费减少 x 万元，单方结余 x 元/m^2。

主要是因一期为多层建筑，无需日照分析，故此项费用结余。

②施工图设计费减少 x 万元，单方结余 x 元/m^2。

主要原因是施工图设计费（现方案）招标时中标价减少 x 万元，单方结余 x 元/m^2；另经与设计单位谈判，施工图设计费（原方案联排别墅）及方案调改费、施工图调改费降至 x 万元，减少 x 万元，单方结余 x 元/m^2。

③人防设计费用减少 x 万元，单方结余 x 元/m^2。

主要原因是一期无人防地下室，故此项费用结余。

④顾问费减少 x 万元，单方结余 x 元/m^2。

主要原因是一期未发生专家顾问费，故此项费用结余。

⑤测绘费减少 x 万元，单方结余 x 元/m^2。

主要原因是一期部分测绘费未发生，故此项费用结余。

2）三通一平及临时设施费减少 x 万元，单方结余 x 元/m^2。

主要原因是三通一平及临时设施费均由总承包单位承担，故此项费用结余。

（2）建筑安装工程费项下设备安装及专项工程减少 x 万元，单方结余 x 元/m^2。

1）弱电工程（U-home）费减少 x 万元，单方结余 x 元/m^2。

主要原因是弱电工程（U-home）合同为一至五期共有合同，合同金额 x 万元，其中一期 x 万元，相比成本计划有结余。

2）消防工程费减少 x 万元，单方结余 x 元/m^2。

主要原因是招标阶段经成本优化，节约成本。

3）电梯工程减少 x 万元。

主要原因是电梯工程由集团战略采购谈判，成本降至成本计划限额内。

4）防雷工程减少 x 万元，单方成本结余 x 元/m^2。

主要原因是招标阶段经成本优化，节约成本。

5）配电箱（水电设备）减少 x 万元，单方结余 x 元/m^2。

主要原因是招标阶段经成本优化，节约成本。

6）基础设施费项下：

①电信工程及相关费用减少 x 万元，单方结余 x 元/m^2。

主要原因是电信工程由电信单位出资建设，我方不承担费用。

②有线电视工程及相关费用减少 x 万元，单方结余 x 元/m^2。

主要原因是与有线电视单位协商谈判，并进行成本优化，致使费用结余。

③中水工程减少 x 万元，单方结余 x 元/m^2。

主要原因是经成本优化，致使费用结余。

④公共绿地认养减少 x 万元，单方结余 x 元/m^2。

主要原因是原成本计划单列绿化认养费约 x 万元，后取消致使结余。

⑤市政综合设计费减少 x 万元，单方结余 x 元/m^2。

主要原因是该费用属于设计单位报价优惠，致使结余。

(3) 预备费按集团成本部要求，属于预留性质，未动用；故结余 x 万元。

(4) 管理费用减少 x 万元，单方结余 x 元/m^2。

主要原因是开发节点工期压缩，致使管理费用结余。

(5) 销售费用减少 x 万元，单方结余 x 元/m^2。

主要原因是楼盘产品品质具有相对优势，销售形势良好，销售费用结余。

(6) 财务费用减少 x 万元，单方结余 x 元/m^2。

主要是因销售良好，一期回款好于预期，后续开发周期的加速，现金借予集团其他项目使用，按自主经营体核算，故产生财务利息盈余。

四、合同管理及执行情况评估

说明：对照《合同管理作业指引》的要求，进行如下分析：

(1) 本项目共签订 x 份合同，其中：土地前期类合同 x 份，设计类合同 x 份，建安及市政类合同 x 份，销售类合同 x 份。

(2) 一期基本建立合同台账明细，对合同执行情况进行随时跟踪更新。

(3) 一期因未编制《项目合约规划》，故合同划分范围组织合同的签订工作，均参照成本计划分项执行。

(4) 一期招标文件中合同条款均按集团标准合同版进行编制，少量无标准版本的合同参照其他相关合同版本，报集团审批。

(5) 一期基本按合同管理制度进行合同组卷；但对工程部及施工单位基本未进行重点合同交底工作，建议将合同交底工作列入各部门日常工作内容，并进行合同书面交底备案。

(6) 一期基本按合同约定进行过程管理，验收标准符合合同约定。

五、变更洽商评估

说明：变更洽商评估包括下列项目。

(1) 一期住宅总包工程预计共发生变更（洽商）x 份。

1) 洽商金额在 1 万元以下的 x 份，占洽商总额的 $x\%$。

2) 洽商金额在 1 万元~5 万元的 x 份，占洽商总额的 $x\%$。

3) 洽商金额在 5 万元~10 万元的 x 份，占洽商总额的 $x\%$。

4) 洽商金额在 10 万元以上的 x 份，占洽商总额的 $x\%$。

(2) 按变更（洽商）类型的划分，分类统计洽商金额及所占比例。

1) 现场签证金额约 x 万元，共计 x 份，占洽商总额的 $x\%$。

2) 设计变更金额约 x 万元，共计 x 份，占洽商总额的 $x\%$。

3) 其他类金额约 x 万元，共 x 份，占洽商总额的 $x\%$。

(3) 具体洽商案例：

1) 生活区搬迁现场签证共计 x 份，共计增加 x 万元。

①因一期总包施工单位的工人生活区所用地块是在三、四期范围内，因三、四期提前开工，不得已必须搬迁生活区，致使搬迁费用增加。根据合同约定，生活区所用地块为我方指定，故该费用我方应承担。

②项目开工时，对整个项目进行合理统筹规划，做适当风险预控；并且在招标文件及合同中约定，施工单位的生活区应由施工单位自己解决，甲方可进行协助解决，且施工过程中需搬迁时，施工单位应立即执行，但不承担由此产生的一切风险及费用，从而避免此类费用发生。

2) 一期卫生间改造设计变更，共计增加 x 万元。

①因一期住宅工程施工图深度不足及户型变化，且未认真进行图纸会审，本应在施工前就可以修改设计，现在因已按图施工完毕，拆除原有管道重新施工，致使费用增加。

②设计院施工图下发前，必须经过集团相关专业工程师审核完毕签署审核意见后，方可下发；在项目接到施工图纸后，设计部应立即组织招采、成本、工程各专业工程师及施工单位进行施工图纸会审，将所有设计问题及可能预见到的现场签证问题在事前预控；并且在招标文件

及合同中约定，加大施工单位的施工图审核责任。

③推行项目全员成本责任制，将各个成本指标进行分解，落实到每一个人，建立成本优化奖罚机制，确保成本指标控制在成本计划限额内。

六、造价咨询管理评估

说明：造价咨询管理评估包括下列项目。

(1) 概况。造价咨询合作单位有：

1) ××工程咨询有限公司，负责一期商业网点预算编制工作。

2) ××工程造价咨询有限公司，负责一期2、4、6、8、10、12#楼工程预算编制及结算审计工作。

3) ××工程项目管理有限公司，负责一期1、3、5、7、9、11#楼工程预算编制及结算审计工作。

以上咨询公司的预算编制及竣工结算审核工作基本满足了成本管理的质量要求；由于咨询公司在预算编制及竣工结算审核工作上的有力支持，项目公司成本部从而可以关注成本优化、合同管理、变更洽商、成本数据库等成本管控工作。

(2) 全过程造价咨询管理。随着开发周期的加快，成本管理工作精细化的深入，在后期引入了造价咨询单位全过程造价管理的模式，全面对施工阶段成本管理节点进行全程跟踪，更好地发挥咨询单位第三方机构专业性作用。

管理思路、合作模式：先分散再战略。

人员培养：合作＋培养；建立咨询公司的威信；与咨询公司定期组织活动。

全过程造价咨询管理要在施工图纸会审、方案设计成本测算优化、招标评标、施工过程管理、合同动态管理、进度款支付审核、变更洽商审核、材料设备及综合单价批价审核、竣工结算审核、成本研究及其他等各个方面进行深入合作；要在以上方面进行良好的合作，那就要监理有效地管理措施、工具。

1) 咨询公司标准合同管理。

2) 咨询公司双月评估。

3) 全过程造价咨询管理岗位职责。

4) 咨询公司全过程管理台账。

5) 咨询公司日工作计划。

6) 咨询公司工程师工作手册。

(3) 限额指标预警。结构指标限额，在多个项目对标后建立限额指标，建立结构设计指标预警。

窗地比指标：建立各类型产品的标准窗地比指标，作为预警指标。

绿化率：建立产品绿化率指标；保证品质的前提下，合理分配景观工程绿化、水景、铺装比例，降低成本。

容积率：合理提高容积率指标，提高产品的货值，提升利润指标。

（4）建造标准。建造标准是目标成本编制的依据，对成本影响较大的门窗、外立面、景观以及家居智能化等分项应按不同的产品类型的定位做出相应的建造标准，提高成本计划编制的准确性。

（5）数据库的编制。及时掌握市场动态，注意日常资料的积累与学习，编制数据库并做动态调整，提高成本计划的准确性。

七、项目成本管理经验和教训小结

（1）成本计划与实际执行标准存在不匹配问题。

1）成本计划与最终一期实际执行的图纸、标准在许多方面有很大的出入，比如精装修标准的提高、增加密码锁、物业开办费的大幅度提高等标准方面的，导致成本计划制定时许多数据来源缺少一定严谨性。

2）建议采用三段式成本计划的定稿规则，并提前确定产品标准，提高成本计划的匹配性与严谨性。

（2）签证不及时、不规范问题。

1）严格执行"事前预判"。在下发设计变更前，先由预算主管进行费用预判，并进行报批流程；报批件引起的签证，须严格报批件审批流程，谁主张谁经办，人单合一。

2）所有签证均应当月及时上报，否则不予认可。

3）所有签证原始记录单一式四份，工程、成本、监理、乙方各留存一份原件，以免人员变动，原件丢失。

4）规范工程师签字意见，一律不允许签"情况属实或工程量属实"。

5）成本主管现场办公，及时处理可能出现的签证等问题。

（3）批价扯皮现象严重，使项目管理受到了一定影响。

1）专业技术标准要清晰、准确。

2）提前做市场调研、做好准备工作。

3）划清成本与招采的工作界面，真正做到"人单合一"。

（4）成本管控前置工作计划与实际执行标准的不匹配问题。

建筑方案的阶段的成本管控更多是总部成本为主，项目配合。

1）针对建筑设计方案之后的具体施工工艺方案以及材料选型优化方案进行成本管控。

2）成本过程管控优化中，与设计、工程相关人员保持良好的沟通。

3）引入结构优化咨询单位，对结构设计进行梳理，逐一进行优化，降低成本。

八、改进措施建议

（1）动态成本编制及成本计划控制率。建筑市场总体走势预计处于价格下滑阶段，动态成本的编制建立在市场充分调研的基础上，严格控制成本计划。

（2）设计变更、洽商索赔的控制。坚持预估预判原则，在合同条款编制及方案设计阶段做好事前把控，尽量屏蔽变更因素；及时分析产值与变更费用比率，将指标控制在行业合理比率以内。

（3）成本优化。建立结构优化公司、全过程造价咨询、项目公司相关部门组成的三位一体的优化体制，重点从方案、结构、建筑做法等方面展开优化工作。

（4）合同管理、批价管理。总结合同条款优劣性，完善合同漏洞。批价与同期项目及时对比，对批价做系统分析，并建立数据库。

（5）清单编制、复核，招采商务评标。配合招采进行清单编制，严格复核清单控制价，对商务标做细致分析。

（6）资金计划编制及付款审核。资金计划编制重点对前期及研发费用、工程施工费用进行审核，杜绝无成果文件列计划的现象。

（7）竣工结算。对历史性问题及时处理，变更洽商及时归档，缩短结算周期，提高准确性。

（8）全过程造价咨询协作单位的管理。不断引导全过程造价协作单位的工作重心，由组价、造价向成本优化合理建议、风险预控、方案优化等方面转移。

9.4 工作清单

大家在工作中是否有过这样的情景：编制清单时应该单独列项却忘记了，对量时应该审减的工程量却大意了，结算时应该调整价格却疏忽了。后来恍然大悟，气得边拍大腿边说：当初怎么没想到呢。看到这，你也许深有同感，这不就是说的我吗。其实，你也不用自责，在现实工作中，大多数人都曾出现过这样的情况，即便是有经验的技术大牛也不例外。那么，为什么会出现这种问题，原因又是什么呢？

随着科技进步，每个行业在分工和岗位职责上不断细化，使得每个人的工作经历变得有限，接触项目和获取经验也变得有限，个人的学习能力已经无法追赶行业的发展速度，因此无法处理行业的复杂性、多样性问题。造价行业也不例外，从BIM到装配式，从PPP到EPC，从定额计价到市场竞价，从营业税到增值税，行业发展明显"提速"了。即使是不断学习的造价从业者，同样受到工作环境的限制，不可能做到样样都接触，门门都精通。有的人在工作中疲于奔命，深陷内卷；有的人明知追赶不上，选择躺平。有什么办法能够解决问题呢？

有一种方法可以帮助我们有效解决这类问题，暂且叫作"工作清单"。工作清单不是类似以往的工作计划、工作任务，而是针对某一类常规高频工作，列出关键要点，在执行过程中反馈问题，并做出及时调整的清单。这里面有三个关键词：常规高频、关键要点、反馈调整。

什么是常规高频，常规高频指的是工作内容具有代表性。例如：地产项目的全过程造价咨询主要包括估算、编制清单及参考价、清标、进度款审核、签证变更审核、结算审核等，像这些分阶段的工作都属于常规高频。我之前在一次重计量中见过类似的清单，当时列清单的目的是为了起到复核的作用。复核的内容包括图纸、计算底稿、工程量清单、指标四部分。先列出重计量经常出现的问题，通过回答问题，看是否存在异常情况，从而起到复核的作用。说到工作内容的常规高频，除了行业"大环境"外，还跟工作"小环境"有关。对于大多数人来讲，像土地整理项目、铁塔项目、旧楼改造项目、拆除加固项目、司法鉴定项目等，偶尔才会接触，但是对于以这类项目为主的公司来讲就属于常规高频。

另外，大家日常做的每项工作，都有它的工作流程、审核要点、信息传达及沟通方式等，我们可以将有用信息提取出来作为关键要点。有人说，我觉得这些信息每一条都有用、都重要，是否需要全部罗列呢，这取决于你使用工作清单的目的。工作清单按照使用目的分为管控型清单和执行型清单。前者是指在实施过程中加入必要的干预，对交付时间和成果质量起到管控的作用，管控型清单更多出现在公司的某些制度；后者是指在实施过程中加入必要的细节，起到提醒的作用，每个人的执行型清单有所不同。例如：对于实习生、应届生更重要的是学习专业技能，公司所做的工作清单应落地性好、操作性强。

工作清单做好后，干就完了。在执行过程中收集之前没有考虑到的关键要点，为反馈调整、迭代清单做好准备。对于反馈调整，通常有两种形式：一种是以项目为主，组织项目团队定期反馈，成员之间讨论关键要点，调整个人工作清单，公司领导从关键要点中总结管理过程中的疏漏，调整公司工作清单。另一种是以个人为主，每个人分享属于自己的工作清单，补充完善个人工作清单，甚至可以扩展到个人生活清单。

有了工作清单，就如同有了工作说明书，即使是新人也能掌握大部分工作内容，避免出现重大错误。说到这，大家不妨约上三五好友，亮出自己的清单，来一次分享盛宴，或许你的生活将打开另一扇窗。

第 10 章
造价人的"拦路虎"

10.1 造价人的瓶颈

每当我们谈到选择比努力更重要时,总能听到这样的话:我们的人生是由绝大多数的平淡无奇加上偶尔出现的高光时刻组成。在几十年的造价职业生涯中,总会遇到几次机遇,而带来这些机遇的可能是公司平台、贵人领导,也可能就是我们自己的执着。不管是何种原因,都会让自己上一个新台阶。但在机遇之前,势必将要经历或长或短的瓶颈期。那么,什么是瓶颈期呢?

瓶颈期是指事物在变化发展过程中遇到了一些困难(障碍),进入一个艰难时期。跨过它,就能更上一层楼;反之,可能停滞不前。这个阶段类似于运动中的乳酸阈训练阶段。乳酸阈是指人体的代谢供能方式由有氧代谢供能为主转入由无氧代谢为主供能的转折点。运动员常常通过乳酸阈训练提高乳酸阈值,从而提高运动成绩。但每一次提升运动极限的训练过程都是非常痛苦的。事业瓶颈期也是如此,有的人顺利通过,事业蒸蒸日上,有的人徘徊不前导致整个职业生涯被卡住。

在造价行业中的不同阶段会遇到哪些瓶颈,我们又该如何去突破呢?

1. 职场新人

A 同学是某普通大学的应届毕业生,通过校招进了一家造价咨询公司,公司业务量很大,加班是常有的事,没有专门的师傅带她。领导给了她一套图纸,让她看软件教学视频学习建模计量,有不懂的就去问老员工。她也很努力,每天下班后自觉学习,上班时加以练习,但还是有很多不懂的地方,看到大家都很忙,不好意思总是去打扰,同事之间专业上的沟通感觉像听天书,觉得毫无参与感,自己刚度过毕业期的迷茫,此时更加焦虑了,该如何入门呢?

像 A 同学这种情况就是造价职业生涯中的第一个瓶颈。在学校里学的是一个个分散的知识点，而且很有限。在面对具体工作时，新添了很多未知，无法整合起来形成工作技能，使得自己在很长一段时间都处于打杂的状态，无法独立上手完成工作。

作为职场新人该如何寻求突破呢？

（1）从多渠道获取知识，提升知识储备。除了看专业书籍、视频、上培训班获取知识外，最直接的方法是在工作中学习，因为工作中遇到的问题应用性、针对性强。即便是打杂，也要做个有心人。复印时可以学习专业词汇；送资料可以学习做事方法；多听同事间的交流可以学习解决问题的办法。对不明白的专业词汇可以通过查找定义加以理解；对不了解的施工工艺可以通过查找图片、视频增强直观认识；通过看成手出过的成果文件可以模仿学习。日积月累并归纳整理，你就做到了突破瓶颈的第一步——增量。

（2）掌握造价工作技能第一步——建模计量。职场新人在提升知识储备的同时，不要忘记提升工作技能。造价工作技能的第一步就是建模计量，这就需要在积累知识上有所侧重，尽可能多地学习识图、清单定额计算规则、软件实操等相关知识与技能，先做到单点突破产出价值，这样你就能在公司立足了。职场新人的知识点少、分散无关联，如图 10-1 所示。

图 10-1　职场新人知识结构示意

2. 建模达人

B 同学工作两年多了，特别是最近一年，不停地建模计量、对量，软件实操已经非常熟练了，感觉自己变成流水线上的操作工，每天做着相同的事，用网络流行词叫作低水平勤奋，一年不是活了 365 天，而是把一天重复了 365 遍。接触不到新的知识，无法做其他类型的工作，又不知如何改变，真叫一个郁闷。

对于 B 同学来讲，建模计量已经烂熟于心了，但无法通过参与其他的工作内容获取新的知识，并与已有知识形成有效连接，形成新的工作技能。

作为建模达人该如何寻求突破呢？

（1）主动请缨寻求改变。通过长期稳定的工作表现，积极进取的工作态度，让领导看到你的潜力，向领导表达自己希望接触新的工作内容的意愿。

（2）耐心等待寻求机会。造价行业特别是造价咨询公司，每年人员都会有一定的流动性，这是正常的，也是对企业有益的。通过流动让公司的人员配置更合理，更符合公司的业务需求。另外，领导也可以从中观察哪些员工有潜力，愿意跟随企业长期发展。在这种情况下，作为员工可以多多接触并收集企业信息，无论项目信息、人员信息，还是制度流程等，在人员不断流动中将这些信息沉淀下来，就具有了先发优势。只要不是自身在能力、沟通、性格上存在明显缺陷，领导会优先安排接触其他的工作内容。

（3）通过跳槽寻求突破。有些公司由于业务的局限性，一直没有进入高速发展阶段，公司不需要那么多全能型人才，更愿意在组织架构上形成扁平金字塔，有利于降低成本。在这种情况下，如果想提升自己只能通过跳槽寻找更好的平台和机遇来实现。

建模达人的知识点明显增加，有一条主线，但其他知识点仍然较为分散，如图10-2所示。

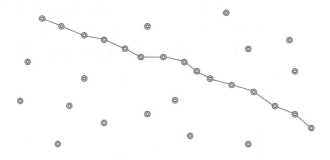

图10-2　建模达人知识结构示意

3. 项目负责人

C同学工作七八年了，早已是项目负责人，自己经手的全过程项目就有两个，感觉专业技术上已经很少遇到问题了，即使遇到问题也知道该如何解决，剩下的无非是增长项目经验。越是这样，反而不知道自己接下来的路该如何走了。

对于C同学来讲，知识和技能已经形成一张网，经验无外乎是让这张网更加密实，但这张技术网又是有边界的。人的精力是有限的，技术上的优势反而将他牢牢地绑在技术上，与此同时也将意识捆绑起来，认为自己就是技术控，靠技术吃饭的，安于自己的舒适圈，没有危机意识，对于改变也存在着抵触情绪。

作为项目负责人该如何寻求突破呢？

（1）依靠技术提升管理。在造价咨询公司，项目负责人再往上就是中层管理者，要想成为中层管理者，除了技术不可或缺，还需要具备哪些能力呢？从业务上来讲，需要有分配工作、督促进度、复核质量的能力；从合同执行上来讲，需要有预防风险、解决危机、督促回款的能力；从人员上来讲，需要有招聘、培养员工、增强团队凝聚力的能力；从制度流程来讲，需要有执行能力及优化意识。这就需要我们以技术作为基础，以管理作为提升，模仿学习，补充自身管理上的短板，为进入管理层提前做好准备。

（2）依靠人脉转型经营。在造价行业工作若干年，或多或少能接触到一些人脉，如果你技术过硬、头脑灵活、善于维护各种关系，经营也是一条突破之路。这里说的经营，不单指的创业开公司，也可以是经营一家工作室，或者是链接资源、自由职业的个人。

（3）技术边缘寻找链接。管理层的职位毕竟是有限的，除了管理层这条职业规划，还有其他的发展方向吗？随着5G网络的高速发展，规律性强的脑力劳动将更多被人工智能所取代。复合型人才将是未来人才的趋势，如果一个人在两个领域都能做到80%~90%，无疑将具有不可替代的核心竞争力。因此，我们在掌握造价技术的基础上，要努力寻找另一个领域并产生链接，这个领域可能是你的兴趣，可能是行业上下游，也可能是热门行业。总之，找到适合自己的另一条赛道或许能成就更好的自己。

项目负责人的知识点密度大，纵横交错形成网络，知识点具有吸附性，在局部形成毛细网络，如图10-3所示。

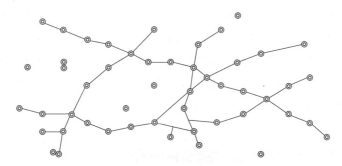

图10-3　项目负责人知识结构示意

在造价职业生涯的每个阶段都会存在瓶颈期，保持危机意识，跳出舒适圈，改变自己，或许改变的过程会让你觉得不舒服，但这恰恰是突破瓶颈的开始。

10.2　造价人的证书

各个行业中，建筑行业是证书大户。各类技能证、上岗证、执业资格证、职称证，真是种类繁多。我们当然不能什么证书都考，而是要考含金量高、职业关联性强的证书。那么，造价从业者在职业生涯中会遇到哪些证书，其中哪些证书含金量高，我们又该如何备考呢？

1. 造价从业者的证书

说起造价从业者的证书，业内认可度最高的莫过于一级注册造价工程师证和中级职称证，如果能评上高级工程师或者副高级工程师更好。很多公司造价岗位的任职要求中都有这一条：具有一级注册造价工程师证、中级职称证者优先考虑。由此可见，这两个证书对于造价从业者的重要程度非同一般，可以增加获得面试的机会。对于 HR 来讲，这两个证书在一定程度上体现了求职者的学习能力，并以此作为筛选条件，大大节约 HR 筛选简历的时间，降低错误用人的概率。

除此之外，在工作年限尚未达到考取一级注册造价工程师证、评定中级职称证的时候，可以考取二级注册造价工程师证作为过渡，同样能起到以上的作用。自从造价员取消之后，各地出台了一系列二级注册造价工程师考试政策，部分省市尚未组织考试。相信全面放开后，一定会迎来新的一波考试热潮。

对于经济师证、建造师证、消防工程师证、BIM 职业资格认证等证书，个人不主张大家取考。除了国企央企，业界对于经济师证的认可度普遍较低。建造师证是施工项目经理必须考取的证书，跟造价行业不相关，即使考取证书也不能对职业发展起到辅助作用。另外，如果仅仅是为了挂靠，近些年国家严厉打击挂靠证书的行为，一经查实吊销证书并产生职业污点，切勿因小失大。消防工程师证更是如此。BIM 作为近几年的热门方向，带动了一波考试热，相关的培训也是如火如荼。BIM 职业资格认证主要侧重于软件操作，如同广联达软件一样，该证书目前还不是刚性需求，多则更好，少也无妨。我们要将主要精力放在造价专业理论知识学习上，明白"道"才能更好地运用"术"。

2. 如何备考

我们以一级注册造价工程师考试为例来谈谈如何备考。

首先，一级注册造价工程师证是专业度、认可度最高的执业资格证书，考试通过率相当低，据统计每年通过率仅为 8% 左右。因此，要想考取一级注册造价工程师证，必须系统性备考，不能抱有侥幸心理，认为可以蒙混过关。

其次，对于大多数考生来讲，之所以没有通过，其主要原因是备考不充分，尤其是备考时间不足。很多人都有这样的体会：如果刚毕业考的话，很可能考过。但是经过几年工作，书本上的知识已经忘得差不多了，实际工作中能用到的知识很有限。平时工作占据大部分时间，经常加班到很晚，加上家庭因素等，难以保证复习时间，考试自然变得难上加难了。

因此，想通过考试，就要抓住 3～4 年的考试黄金期。考试黄金期是什么时候呢，通常本科毕业 22 岁，相同专业毕业 4 年、相似专业毕业 5 年才有资格报考，这时已经 26、27 岁了。而过了 30 岁，工作、家庭将占据大部分时间，留给自己的时间有限，加上自己记忆力逐渐下降，通过考试变得极其困难。很多考生参加考试，只是报了名、交了费、买了书，没有备考直接参加考试，只是满足心理安慰，自然不会有好结果。因此，要利用好这 3～4 年的考试黄金期，充分备考才行。

关于什么时候开始复习，不能一概而论。有的人善于考试，天才学霸，封闭学习一个月，四门课一次性通过。对于大多数人来讲，要保证每天有充足的固定时间复习。最好提前 3～4 个月开始复习，太早的话进入不了状态，战线太长身心疲惫，太晚的话复习时间不够用。简单计算一下，复习四门课，假如每门课的教材 450 页，每天看 30 页，看完一门课半个月，四门课两个月。另外，做历年真题半个月，看第二遍教材半个月，查漏补缺半个月，加起来总共需要 3～4 个月。每天至少保证 1～2 个小时的复习时间，基本保持这样的复习节奏。

接下来谈谈复习方法。不管采用什么方法都要靠执行来实现。有的人花很多时间找复习方法，比如：找思维导图、找笔记、找视频、报辅导班等。既然是前人总结的内容，肯定有用，可以作为补充资料。但不能本末倒置，还是要把主要精力放在每天阅读教材上。

最后我想说，一切达标类考试都是拼的执行力。懒惰、拖延、三分钟热度是执行力的杀手。多数人向来缺乏学习力和执行力，这一点在互联网时代被无限放大。做任何事都追求及时反馈，在某种程度上，打开网页的速度决定了用户体验。从密码输入到指纹解锁，再到刷脸支付，与其说变得快捷，不如说人们变得缺乏耐心，充满焦虑。持续做一件事已实属不易，"7 天入门""21 天掌握"，这类字眼无时无刻拨动人们敏感的神经。想想自己多久没有持续做一件事了，恐怕唯一坚持下来的就剩刷手机了。及时满足带来的快感只会让你成瘾，来得快去得也快，不会给你带来任何益处。成长从来不是一个舒服的过程，而是站在终点向起点看的一种感受。回想一下高考，花很长时间持续做一件事，方法简单重复，过程痛苦不堪，结果满心欢喜。看似简单的学习方法，却是最好的学习方法。你看说明书学不会骑自行车，看视频也学不会游泳。只有持续做事才是破解一切问题的关键。想拿证书，干就完了！

10.3　造价人的副业

跟其他行业一样，在造价行业人过了 35 岁，职业道路变得越来越窄，大多数人的职业状态可以用两个词来形容：职位稳定，收入稳定。收入稳定这个词在 20 世纪八九十年代是褒义词，只有事业单位、国企央企才能享受"铁饭碗"的待遇。现如今，行业变化加剧，收入稳定意味着收入贬值，失去上升空间，随时有被淘汰的风险。成年人的生活没有容易二字，而住房、教育、医疗、养老就像一把无情的刀，使得本就不富裕的生活雪上加霜。这时，很多人想到了副业，希望通过副业获得额外收入。有人做微商、做代购，有人跑滴滴、送外卖。对于前者，赚钱却是少数；而对于后者，工作确实辛苦。

造价从业者也是如此，随着获得单位收入花费的边际成本（如时间、精力等）增加，使得人们觉得不划算，从而转向性价比高的赛道，愿意用空闲时间获得更高的额外收入。那么，造价行业有哪些副业方式，如何组合副业才能达到最佳效果，对待副业我们应该保持什么态度，以及如何开启副业呢？围绕这些问题我们聊聊造价副业那些事。

1. 造价从业者有哪些副业方式

（1）私活。接私活是造价从业者最常见的副业方式。私活是利用自身专业水平，运用人脉资源带来的业务。每个人的朋友圈都会有信息集结者、施工单位老板、以及咨询公司造价业务负责人等，这些人都能介绍私活。先增加私活业务量，再逐步向优质资源倾斜，最重要的是保证造价成果质量，用专业度让客户转介绍，从而增加私活收入。

（2）兼职。兼职的目的不在于收入多少，而在于突破舒适圈，结识跨界的人，接触圈外的信息。兼职内容最好与造价行业相关。

（3）补贴。大多数公司鼓励员工考取注册造价工程师证书，并给予一定补贴。除了获得额外收入，还能学习专业理论知识，一举两得。假如你入选了专家库，被抽中去评标，还能获得专家评审费。

2. 如何组合副业

了解了造价从业者常见的几种副业方式，我们该如何选择副业、如何分配时间才能获得高性价比的副业收入呢？

讨论这个话题有个前提条件：假定我们投入副业的时间固定，工作饱和，为了追求更高的副业收入。

站在功利的角度，我们应该遵循以下原则：

（1）无需投入时间或投入很少时间，就可以获得长期固定收入，哪怕单次收入较低。

（2）单次投入固定时长，就可以获得长期固定收入，哪怕单次收入较低。

（3）如果无法降低边际成本（只有持续投入时间才能获得收入），需要判断哪类副业、哪类工作内容单位时间性价比高。

（4）尽量去做第一、二类副业，如果只有第三类副业，或者需要第三类副业作为补充，要持续迭代、调整优化副业组合，必要时舍弃一部分业务类型（当第一、二类以及第三类中优选的业务类型可以满足副业收入的情况下，对于无法达到主业平均收入水平的业务类型应予以舍弃）。

以上原则类似投资，有过投资经历的小伙伴不妨体会一下。

3. 对待副业我们应该保持什么态度

对于这个问题，我们要站在全局上去考虑。

如果家庭经济状况困难，急需额外收入补贴家用。个人建议在副业上多投入时间，并按上述原则充分利用时间。

如果家庭的经济状况一般，建议用功利的态度做副业。其余时间去做能带来长期收益的事情，例如：看书、健身、陪伴家人、投资自己等。

如果是为了转型或者做点自己感兴趣的事，建议进一步缩小副业范围，最好只做某一类副业，持续深入做出结果。

当然，重要的是一定不能影响主业。

4. 如何开启副业

说了这么多，对于还没有开启副业的小伙伴，该如何起步呢？

首先，当然不是整理人脉资源，而是进行自我评估，以自己现有的能力可以提供哪些有价值、可交付的事情。有价值代表可交换，可交付代表产品化。只有满足这两点，才能形成一条闭环的副业路径。你可以检验一下，看看自己有几条副业路径，越多说明可做的副业越广，越有价值说明可做的副业越久。

接下来才是梳理人脉资源，搭建实现副业路径的桥梁，从中找到目前可以实施的副业，积极拓展，不断开发新的副业路径。

最后，无论是哪类副业，只有持续做下去才能产生复利效应，就像荷叶生长，从起初的一片、两片、四片，到四分之一池塘、二分之一池塘，直到最后布满整个池塘。如果没有持续生长，是不可能看到一夜开满整个池塘的壮观景象。

从现在开始，评估自己可以提供的价值，梳理人脉资源，开启你的副业之旅吧。

10.4 造价人再出发

很多35岁以上的造价从业者会重新陷入新的迷茫，虽然专业能力、管理经验都日趋成熟，但是精力下降、投入时间变少、上升通道狭窄，使得这些人多年停滞不前，逐渐成为企业"负资产"。与此同时，自己也不知道未来的路在哪里，想找个轻松工作提前"养老"，家庭经济负担又不允许；在原有赛道上继续努力，面对高强度工作又觉得吃力，仿佛一切又回到了原点。为了不让自己今后陷入进退两难的处境，造价从业者需尽早为自己做打算，谋求新的出路。

以往造价行业对人才的要求是一专多能，而现如今，像这样的 T 型人才却难以满足整个职业生涯需求了。在一专多能的基础上，加上某一方面兴趣的 Π 型人才更具有反脆弱性，正如孔子所说："邦有道，则仕；邦无道，则可卷而怀之。"，只有这样，才能在不确定的时代从容应对。那么，造价行业有哪些可以"嫁接"的兴趣呢？下面我抛砖引玉，希望能给大家带来启发。

1. 造价 + 法律

随着近 20 年的飞速发展，建筑行业经历了从粗放到精细、从蓝海到红海的过程，企业管理也由靠关系要效益，转变为靠管理要效益。法治社会的不断推进，使得人们的风险意识、法律意识逐渐增强，人们更愿意拿起法律武器来维护企业自身的合法权益。以后对于造价 + 法律的复合型人才需求也会越来越多。

2. 造价 + 管理

这里所说的管理，并不是自己所在企业的内部管理，而是把自己的管理经验运用到管理制度尚未健全的小微企业中，为企业带来利益和价值。当然，管理输出有两个前提，一方面自己在业界具有一定权威，另一方面企业也想通过提升管理改变公司现状。这种管理输出可以基于项目，做好风险防范；也可以基于公司，优化业务流程。

3. 造价 + 教育

随着造价管理日益精细化、智能计量的快速研发，造价管理也从工程量、价格准确的后置管控，转变为方案比选、优化设计的前置管控。市场对从业者的要求提高了，从业者势必要提升自身的专业水平。因此，教育也是长期发展的方向之一。

正所谓打铁还需自身硬，无论哪一方向，都需要经受市场的考验，并在行业中不断学习。

第 11 章 地产全过程造价的工作清单

11.1 测算

1. 编制步骤

（1）收集甲方提供的全部资料，明确时间要求、质量要求（一天之内反馈是否缺图）。
（2）部门经理确定项目人员、任务分配、完成时间。
（3）按公司要求对项目进行编码，做好项目台账。
（4）对项目全体人员做统一技术交底。
（5）依据测算资料（含附图）计算工程量。
（6）依据合同清单、内外部对标价格、询价记录等计价。
（7）填写测算附表。
（8）对测算附表进行自查。
（9）提交部门经理或总工程师复核。
（10）提交成果文件。
（11）按"项目编码 – 项目名称"格式打包终版成果资料提交总工程师存档。

2. 甲方提供的资料

（1）合同及附件。
（2）合同清单。
（3）甲方确认的测算资料（含附图）。
（4）测算附表。
（5）其他（如有，需列明细）。

3. 技术交底内容

（1）质量要求。

（2）测算思路。

（3）相关附表（如有）。

4. 自查要点

（1）符合质量要求。

（2）测算附表完整。

（3）计算底稿完整。

（4）测算工程量准确。

（5）测算单价准确。

（6）无系统性错误或共性问题。

（7）链接完整、准确无误。

（8）无错别字、排版可直接打印。

5. 复核要点

（1）甲方提供资料齐全。

（2）成果资料齐全。

（3）符合质量要求。

（4）对项目进行编码、列台账。

（5）对项目全体人员做统一技术交底。

（6）测算附表完整。

（7）计算底稿完整。

（8）测算工程量准确。

（9）测算单价准确。

（10）无系统性错误或共性问题。

（11）链接完整、准确无误。

（12）无错别字、排版可直接打印。

11.2 编制工程量清单

1. 编制步骤

（1）收集甲方提供的全部资料，明确时间要求、质量要求（一天之内反馈是否缺图）。

（2）部门经理确定项目人员、任务分配、完成时间。

（3）按公司要求对项目进行编码，做好项目台账。

（4）对项目全体人员做统一技术交底。

（5）编制清单、计算工程量。

（6）收集过程问卷及答疑。

（7）督促进度、抽查质量。

（8）填写清单、指标表。

（9）收集清单、指标表、计算底稿，做链接、汇总。

（10）对清单进行自查。

（11）提交部门经理或总工程师复核。

（12）提交成果文件。

（13）按"项目编码–项目名称"格式打包终版成果资料提交总工程师存档。

2. 甲方提供的资料

（1）招标文件（已明确标段、界面划分）。

（2）工程量计算规则。

（3）施工图（如采用模拟清单，则无须施工图）。

（4）营造做法表。

（5）过程答疑。

（6）内外部对标资料（如甲方未提供，则收集公司提供的对标资料）。

（7）标准清单模板（如甲方未提供，则采用公司内部模板）。

（8）其他（如有，需列明细）。

3. 技术交底内容

（1）质量要求。

（2）工程量计算规则。

（3）界面划分。

（4）清单列项原则。

（5）统一计算工程量口径。

（6）计算稿格式（如有）。

4. 自查要点

（1）符合质量要求。

（2）清单内容完整（包括但不限于封面、编制说明、汇总表、清单、综合单价分析表等）。

（3）项目名称完整。

(4) 编制说明与清单相符，不存在与本清单无关内容。

(5) 清单列项完整，特征描述清晰、明确。

(6) 工程量与计量单位相符。

(7) 工程量计算准确（模拟清单需有计算过程）。

(8) 含量指标合理。

(9) 答疑内容已在清单中调整。

(10) 无系统性错误或共性问题。

(11) 链接完整、准确无误。

(12) 无错别字、排版可直接打印。

5. 复核要点

(1) 甲方提供资料齐全。

(2) 成果资料齐全。

(3) 符合质量要求。

(4) 对项目进行编码、列台账。

(5) 对项目全体人员做统一技术交底。

(6) 按工程量计算规则计量。

(7) 明确标段、界面划分。

(8) 清单内容完整（包括但不限于封面、编制说明、汇总表、清单、综合单价分析表等）。

(9) 项目名称完整。

(10) 编制说明与清单相符，不存在与本清单无关内容。

(11) 清单列项完整，特征描述清晰、明确。

(12) 工程量与计量单位相符。

(13) 含量指标合理。

(14) 无系统性错误或共性问题。

(15) 链接完整、准确无误。

(16) 无错别字、排版可直接打印。

11.3 编制控制价（标底、参考价）

1. 编制步骤

(1) 收集甲方提供的全部资料，明确时间要求、质量要求。

(2) 收集外部对标资料。

（3）部门经理确定项目人员、任务分配、完成时间。

（4）按公司要求对项目进行编码，做好项目台账。

（5）对项目全体人员做统一技术交底。

（6）编制标底或参考价。

（7）督促进度、抽查质量。

（8）收集各专业标底或参考价，做链接、汇总。

（9）填写相关附表（如有）。

（10）对标底或参考价进行自查。

（11）提交部门经理或总工程师复核。

（12）提交成果文件。

（13）按"项目编码–项目名称"格式打包终版成果资料提交总工程师存档。

2. 甲方提供的资料

（1）招标文件（已明确标段、界面划分）。

（2）施工图（如采用模拟清单，则无须施工图）。

（3）集采价（如为集采单位，则采用集采价）。

（4）内外部对标资料（如甲方未提供，则收集公司提供的对标资料）。

（5）标准清单模板（如甲方未提供，则采用公司内部模板）。

（6）其他（如有，需列明细）。

3. 技术交底内容

（1）质量要求。

（2）标底。

（3）参考价。

（4）相关附表（如有）。

4. 自查要点

（1）符合质量要求。

（2）与甲方进行充分沟通。

（3）有内外部对标价格。

（4）有询价记录。

（5）内容完整（包括但不限于封面、编制说明、汇总表、清单标底或参考价、综合单价分析表等）。

（6）项目名称完整。

（7）编制说明与清单标底或参考价相符，不存在与本清单标底或参考价无关内容。

（8）经济指标合理。

（9）相关附表填写完整。

（10）链接完整、准确无误。

（11）无错别字、排版可直接打印。

5. 复核要点

（1）甲方提供资料齐全。

（2）成果资料齐全。

（3）符合质量要求。

（4）对项目进行编码、列台账。

（5）对项目全体人员做统一技术交底。

（6）有内外部对标价格。

（7）有询价记录。

（8）内容完整（包括但不限于封面、编制说明、汇总表、清单标底或参考价、综合单价分析表等）。

（9）项目名称完整。

（10）编制说明与清单标底或参考价相符，不存在与本清单标底或参考价无关内容。

（11）经济指标合理。

（12）相关附表填写完整。

（13）链接完整、准确无误。

（14）无错别字、排版可直接打印。

11.4 清标

1. 编制步骤

（1）收集甲方提供的全部资料，明确时间要求、质量要求。

（2）部门经理确定项目人员、任务分配、完成时间。

（3）按公司要求对项目进行编码，做好项目台账。

（4）对项目全体人员做统一技术交底。

（5）编制清标附表。

（6）围串标排查。

（7）编制清标报告（价格分析、套算、调不平衡）。

（8）对清标进行自查。

（9）提交部门经理或总工程师复核。

（10）提交成果文件。

（11）按"项目编码－项目名称"格式打包终版成果资料提交总工程师存档。

2. 甲方提供的资料

（1）回标资料。

（2）参考价。

（3）内外部对标资料（如甲方未提供，则收集公司提供的对标资料）。

（4）清标报告、围串标模板。

（5）其他（如有，需列明细）。

3. 技术交底内容

（1）质量要求。

（2）清标附表格式。

（3）围串标排查原则。

（4）套算原则。

（5）调不平衡原则。

（6）其他（如有）。

4. 自查要点

（1）符合质量要求。

（2）清单附表内容完整。

（3）围串标排查内容完整。

（4）价格分析有条理。

（5）套算正确（套算率应大于80%）。

（6）不平衡调整合理。

（7）无系统性错误或共性问题。

（8）链接完整、准确无误。

（9）无错别字、排版可直接打印。

5. 复核要点

（1）甲方提供资料齐全。

（2）成果资料齐全。

（3）符合质量要求。

（4）对项目进行编码、列台账。

（5）对项目全体人员做统一技术交底。

（6）清单附表内容完整。

（7）围串标排查内容完整。

（8）价格分析有条理。

（9）套算正确（套算率应大于80%）。

（10）不平衡调整合理。

（11）无系统性错误或共性问题。

（12）链接完整、准确无误。

（13）无错别字、排版可直接打印。

11.5 总包重计量

1. 编制步骤

（1）计量阶段。

1）收集甲方提供的全部资料，明确时间要求、质量要求（一天之内反馈是否缺图）。

2）部门经理确定项目人员、任务分配、完成时间。

3）按公司要求对项目进行编码，做好项目台账。

4）对项目全体人员做统一技术交底。

5）编制清单、新增项组价（附内外部对标价格、询价记录等）、计算工程量。

6）收集计量过程问卷及答疑。

7）督促进度、抽查质量。

8）填写清单、指标表。

9）收集清单、指标表、计算底稿、做链接、汇总。

10）对清单（对量前版本）进行自查。

11）提交部门经理或总工程师复核。

12）提交清单（对量前版本），打包成果资料提交总工程师存档。

（2）对量阶段。

1）与施工单位上报清单做对比。

2）与施工单位核对工程量。

3）收集对量过程问卷及答疑、解决对量过程中存在的共性问题。

4）与施工单位核对清单列项。

5）对清单（对量后版本）进行自查。

6）提交部门经理或总工程师复核。

7）与施工单位确认工程量（过程版签字），打包成果资料提交总工程师存档。

（3）报告附表阶段。

1）填写暂转固附表。

2）与甲方核对新增项组价。

3）与甲方核对争议项。

4）与施工单位核对新增项组价、争议项。

5）调整暂转固附表。

6）对报告、附表进行自查。

7）提交部门经理或总工程师复核。

8）按"项目编码 – 项目名称"格式打包终版成果资料提交总工程师存档。

2. 甲方提供的资料

（1）招标文件及附件。

（2）合同及附件。

（3）合同清单。

（4）工程量计算规则。

（5）施工图（电子版及蓝图）。

（6）变更（如有）。

（7）营造做法表。

（8）工规证。

（9）过程答疑。

（10）内外部对标资料（如甲方未提供，则收集公司提供的对标资料）。

（11）暂转固表格模板。

（12）其他（如有，需列明细）。

3. 技术交底内容

符合质量要求。

（1）计量阶段。

1）工程量计算规则。

2）界面划分。

3）新增项列项原则。

4）统一计算工程量口径。

（2）对量阶段。

1）统一核对工程量口径。

2）提供共性问题解决方案。

（3）报告附表阶段。报告、附表填写方法。

4. 自查要点

符合质量要求。

（1）计量阶段。

1）新增项列项完整，特征描述清晰、明确。

2）新增项工程量与计量单位相符。

3）工程量计算准确。

4）模型是否套清单定额子目。

5）新增项有内外部对标价格。

6）新增项有询价记录。

7）新增项综合单价合理。

8）含量指标、经济指标合理。

9）答疑内容已在清单中调整。

10）是否有变更计入暂转固。

11）无系统性错误或共性问题。

12）链接完整、准确无误。

13）无错别字、排版可直接打印。

（2）对量阶段。

1）对量编制说明与清单相符，不存在与本清单无关内容。

2）新增项列项完整，特征描述清晰、明确。

3）新增项工程量与计量单位相符。

4）工程量计算准确。

5）新增项有内外部对标价格。

6）新增项有询价记录。

7）新增项综合单价合理。

8）含量指标、经济指标合理。

9）答疑内容已在清单中调整。

10）无系统性错误或共性问题。

11）链接完整、准确无误。

12）无错别字、排版可直接打印。

（3）报告附表阶段。

1）成果资料齐全。

2）报告、附表填写完整、准确。

3）新增项综合单价合理。

4）争议内容依据解决方案已在清单中调整。

5）争议内容涉及的工程量计算准确。

6）含量指标、经济指标合理。

7）答疑内容已在清单中调整。

8）链接完整、准确无误。

9）无错别字、排版可直接打印。

5. 复核要点

（1）甲方提供资料齐全。

（2）成果资料齐全。

（3）符合质量要求。

（4）对项目进行编码、列台账。

（5）对项目全体人员做统一技术交底。

（6）按工程量计算规则计量。

（7）模型是否套清单定额子目。

（8）互审是否完成。

（9）明确标段、界面划分。

（10）新增项清单列项完整，特征描述清晰、明确。

（11）新增项工程量与计量单位相符。

（12）有内外部对标价格。

（13）有询价记录。

（14）新增项综合单价合理。

（15）含量指标、经济指标合理。

（16）答疑内容已在清单中调整。

（17）是否有变更计入暂转固。

（18）争议内容依据解决方案已在清单中调整。

（19）对量编制说明与清单相符，不存在与本清单无关内容。

（20）报告、附表填写完整、准确。

（21）无系统性错误或共性问题。

（22）链接完整、准确无误。

（23）无错别字、排版可直接打印。

11.6　进度款审核

1. 编制步骤

（1）收集甲方提供的全部资料，明确时间要求、质量要求。

（2）部门经理确定项目人员、任务分配、完成时间。

（3）按公司要求对项目进行编码，做好项目台账。

（4）对项目全体人员做统一技术交底。

（5）依据形象进度确定审核工程量。

（6）依据合同清单确定审核价格。

（7）填写进度款审核附表。

（8）对进度款审核附表进行自查。

（9）提交部门经理或总工程师复核。

（10）提交成果文件。

（11）按"项目编码–项目名称"格式打包终版成果资料提交总工程师存档。

2. 甲方提供的资料

（1）合同及附件。

（2）合同清单。

（3）甲方确认完成形象进度。

（4）涉及预付款抵扣、签证变更增项、水电费扣款、其他罚款等资料（如有）。

（5）进度款审核附表。

（6）其他（如有，需列明细）。

3. 技术交底内容

（1）质量要求。

（2）相关附表（如有）。

4. 自查要点

（1）符合质量要求。

（2）进度款审核附表完整。

（3）计算底稿完整。

（4）审核工程量准确。

（5）审核单价准确。

（6）预付款抵扣、签证变更增项、水电费扣款、其他罚款等审核准确。

（7）累计进度款产值占合同额比例不得超过合同约定。

（8）付款比例准确。

（9）无系统性错误或共性问题。

（10）链接完整、准确无误。

（11）无错别字、排版可直接打印。

5. 复核要点

（1）甲方提供资料齐全。

（2）成果资料齐全。

（3）符合质量要求。

（4）对项目进行编码、列台账。

（5）对项目全体人员做统一技术交底。

（6）进度款审核附表完整。

（7）计算底稿完整。

（8）审核工程量准确。

（9）审核单价准确。

（10）预付款抵扣、签证变更增项、水电费扣款、其他罚款等审核准确。

（11）累计进度款产值占合同额比例不得超过合同约定。

（12）付款比例准确。

（13）无系统性错误或共性问题。

（14）链接完整、准确无误。

（15）无错别字、排版可直接打印。

11.7 变更、签证编制及审核

1. 编制步骤

（1）收集甲方提供的全部资料，明确时间要求、质量要求（一天之内反馈是否缺图）。
（2）部门经理确定项目人员、任务分配、完成时间。
（3）按公司要求对项目进行编码，做好项目台账。
（4）对项目全体人员做统一技术交底。
（5）依据变更、签证资料（含附图）编制或审核工程量。
（6）依据合同清单、内外部对标价格、询价记录确定编制或审核价格。
（7）填写变更、签证编制或审核附表。
（8）对变更、签证编制或审核附表进行自查。
（9）提交部门经理或总工程师复核。
（10）提交成果文件。
（11）按"项目编码–项目名称"格式打包终版成果资料提交总工程师存档。

2. 甲方提供的资料

（1）合同及附件。
（2）合同清单。
（3）甲方确认的变更、签证资料（含附图）。
（4）变更、签证编制或审核附表。
（5）其他（如有，需列明细）。

3. 技术交底内容

（1）质量要求。
（2）相关附表（如有）。

4. 自查要点

（1）符合质量要求。
（2）变更、签证编制或审核附表完整。
（3）计算底稿完整。
（4）责任归属。
（5）是否已计入暂转固。

（6）是否涉及拆改。

（7）是否涉及减项。

（8）是否涉及其他供应商价格调整。

（9）编制或审核工程量准确。

（10）编制或审核单价准确。

（11）无系统性错误或共性问题。

（12）链接完整、准确无误。

（13）无错别字、排版可直接打印。

5. 复核要点

（1）甲方提供资料齐全。

（2）成果资料齐全。

（3）符合质量要求。

（4）对项目进行编码、列台账。

（5）对项目全体人员做统一技术交底。

（6）变更、签证编制或审核附表完整。

（7）计算底稿完整。

（8）签证责任归属。

（9）是否已计入暂转固。

（10）是否涉及拆改。

（11）是否涉及减项。

（12）是否涉及其他供应商价格调整。

（13）编制或审核工程量准确。

（14）编制或审核单价准确。

（15）无系统性错误或共性问题。

（16）链接完整、准确无误。

（17）无错别字、排版可直接打印。

11.8　结算编制及审核

1. 编制步骤

（1）收集甲方提供的全部资料，明确时间要求、质量要求。

（2）部门经理确定项目人员、任务分配、完成时间。

（3）按公司要求对项目进行编码，做好项目台账。

（4）对项目全体人员做统一技术交底。

（5）编制或审核结算（主材调价、水电费扣款、其他罚款、税率调整等）。

（6）汇总、填写结算编制或审核附表。

（7）对结算编制或审核附表进行自查。

（8）提交部门经理或总工程师复核。

（9）提交成果文件。

（10）按"项目编码 – 项目名称"格式打包终版成果资料提交总工程师存档。

2. 甲方提供的资料

（1）合同及附件。

（2）合同清单或转总清单。

（3）完工验收单。

（4）签证、变更审核后资料。

（5）水电费扣款资料（如有）。

（6）其他罚款资料（如有）。

（7）结算编制或审核附表。

（8）施工单位上报结算资料。

（9）其他（如有，需列明细）。

3. 技术交底内容

（1）质量要求。

（2）合同形式。

（3）相关附表（如有）。

4. 自查要点

（1）符合质量要求。

（2）结算编制或审核附表完整。

（3）主材调价准确（如有）。

（4）水电费扣款、其他罚款准确（如有）。

（5）税率调整准确（如有）。

（6）无系统性错误或共性问题。

（7）链接完整、准确无误。

（8）无错别字、排版可直接打印。

5. 复核要点

（1）甲方提供资料齐全。

（2）成果资料齐全。

（3）符合质量要求。

（4）对项目进行编码、列台账。

（5）对项目全体人员做统一技术交底。

（6）结算编制或审核附表完整。

（7）主材调价准确（如有）。

（8）水电费扣款、其他罚款准确（如有）。

（9）税率调整准确（如有）。

（10）无系统性错误或共性问题。

（11）链接完整、准确无误。

（12）无错别字、排版可直接打印。

第 12 章
求职面试"必考题"

12.1 HR 十大常见问题及回答技巧

1. 自我介绍

答：求职者应提前准备自我介绍。自我介绍是 HR 对求职者的第一印象，通过沟通表达、行为举止等对求职者有个初步印象。

2. 确认户籍所在地及居住地、毕业院校、学位、学历等信息

答：如实回答。HR 通过了解户籍所在地及居住地，判断求职者是否在该城市定居。另外，HR 会关注学历是否为统招本科。

3. 婚育情况

答：如实回答。HR 通过核实婚育情况判断求职者稳定性、降低不必要的用工风险和成本。特别是女性，一定要做好职业规划。

4. 以往的离职原因

答：建议回答希望有更好的平台或者家庭原因。HR 主要考量求职者是否因个人能力、工作态度、职场禁忌等原因被迫离职。

5. 你对公司有了解吗？

答：求职者应提前了解面试公司的情况，查看官网信息或者通过朋友打听。HR 希望求职者对企业有认同感，同时体现了求职者对于此次面试的重视程度。

6. 近期职业规划是怎样的？

答：建议回答下一阶段需要提升自我的内容，例如：接触计价、驻场跟全过程项目、考造价师。HR 希望求职者在专业上有规划、积极进取，从而判断求职者是否具有可塑性。

7. 自己有什么缺点？

答：建议回答该职位要求核心工作能力以外的内容。这是面试过程中典型的坑，一方面HR考查求职者是否了解自身的优缺点；另一方面通过缺点判断是否适合本职位的工作。

8. 期望薪资

答：建议在目前收入基础上上浮20%或该职位行业收入区间的最大值。求职者要清楚自己在行业中的价值，不突破薪酬体系，留有谈判空间，让HR不好回绝。

9. 到岗时间

答：建议最迟不要超过两周。虽然办理离职需要一个月的时间，但是对于竞争激烈、急需到岗的职位，没有哪一家公司愿意等一个月的时间，两周已是极限。

10. 你还有什么想了解的？

答：建议回答公司近期有哪些项目，面试职位的具体职责有哪些，公司是否有培训和晋升机制。HR更愿意看到求职者对于公司发展、项目情况、工作内容等方面的关注，而不是在待遇细节上的纠缠。

12.2 专业负责人十大常见问题及回答技巧

1. 对识图、清单定额了解多少？

答：如实回答。

2. 会哪些造价专业软件？

答：如实回答。

3. 以往做过哪些项目，担任角色及具体工作？

答：如实回答，工作内容要具体，有总结有分析。

4. 建模速度如何？

答：如实回答。行业平均水平：别墅3～5天、洋房5～7天、高层7～10天、地库2～3周。

5. 主要工程量含量指标？

答：平时多总结，提前做好准备，回答区间值。

6. 上机实操？

答：如实回答。

7. 是否编制过清单、控制价?

答:如实回答。

8. 主要经济指标(单方造价、综合单价、主材价)?

答:平时多总结,提前做好准备,回答区间值。

9. 是否有过驻场经历,对于驻场工程师的角色如何理解?

答:如实回答。驻场工程师不仅要求会计量计价,更重要的是具有项目全局意识、成本意识、沟通协调能力等。

10. 全过程造价咨询各阶段工作是否做过?

答:如实回答。包括测算、清单及控制价、清标、进度款、变更签证、结算等。

第 13 章
地产全过程造价的工作流程

1. 新人——打印复印

2. 新人——送资料

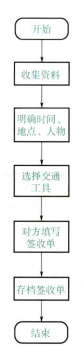

3. 新人——收资料

4. 造价员——建模计量

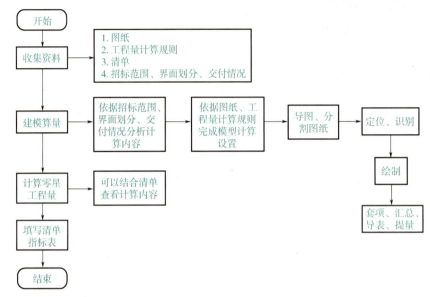

5. 造价员——建模对量

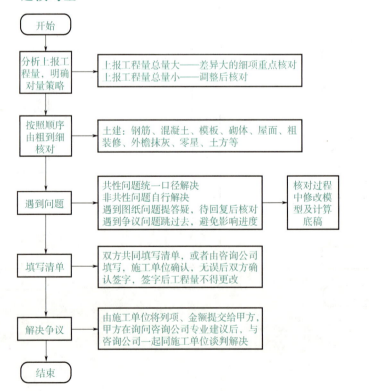

第 13 章
地产全过程造价的工作流程

6. 项目负责人——模拟清单

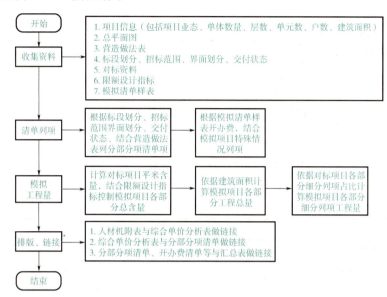

7. 项目负责人——清标

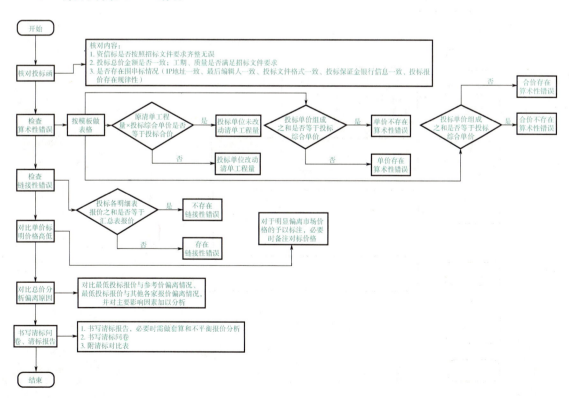

8. 项目负责人——进度款

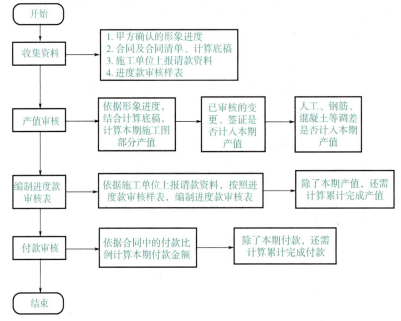

9. 项目负责人——设计变更、现场签证

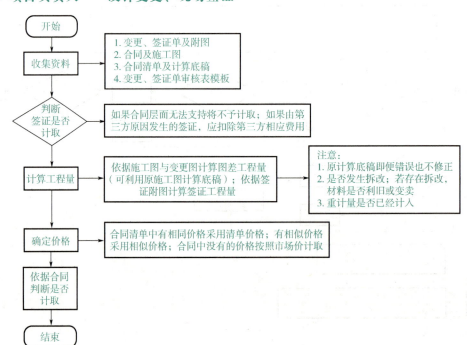

10. 结算

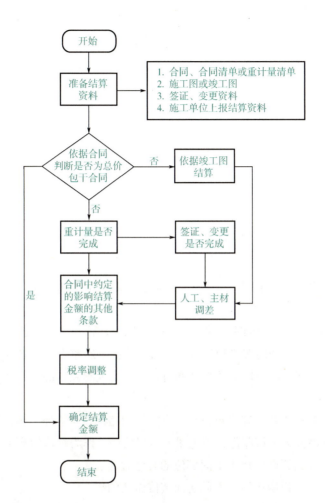

附录 造价小词典

第一部分 识图计量

（1）扩初图。即"扩大初步设计"，是指在方案设计基础上的进一步设计，但设计深度还未达到施工图的要求。

（2）总平图。亦称"总体布置图"，按一般规定比例绘制，是表示建筑物，构筑物的方位、间距以及道路网、绿化、竖向布置和基地临界情况等；表示整个建筑基地的总体布局，具体表达新建房屋的位置、朝向以及周围环境（原有建筑、交通道路、绿化、地形等）基本情况的图样。

（3）深化图。对于某些工程，建设单位只有方案和粗略的设计思路，远远达不到施工的要求，这需要施工单位对该方案进行深化，深化图纸经审核后，作为具体的施工图。

（4）营造做法表。建筑说明中用于不同部位的装修做法表。

（5）室名做法表。建筑说明中用于不同房间装修做法的集合。

（6）方格网图。将地形图划分成若干具有一定尺寸的方格并按设计标高和自然标高定出各开挖点挖填高度和零点位置，分别求出各方格的填挖土方量的计算方法。

（7）相对标高。把室内地坪面定为相对标高的零点，用于建筑物施工图的标高标注。

（8）绝对标高。以一个国家或地区统一规定的基准面作为零点的标高。我国规定以青岛附近黄海的平均海平面作为标高的零点。

（9）工作面。基础施工时，因某些项目的需求或为保证施工人员施工方便，挖土时要在垫层两侧增加部分面积，这部分面积称工作面。

（10）放坡。指为了防止土壁塌方，确保施工安全，当挖方超过一定深度或填方超过一定高度时，其边沿应放出的足够的边坡，土方边坡一般用边坡坡度和坡度系数表示。

（11）放坡系数。土方放坡系数是指土壁边坡坡度的底宽 b 与基高 h 之比，即 $m = b/h$，放坡系数为一个数值（例：b 为0.3，h 为0.6，则放坡系数为0.5）。计算放坡工程量时交接处的重复工程量不扣除，符合放坡深度规定时才能放坡，原槽、坑中做基础垫层时，放坡高度从垫层的上表面开始计算。当混凝土垫层做基础垫层时，放坡高度从垫层的下表面开始计算。

（12）平整场地。指室外设计地坪与自然地坪平均厚度在 ±0.3m 以内的就地挖、填、找平，平均厚度在 ±0.3m 以外的执行土方相应定额项目。

（13）人工清槽。为了防止土方超挖，防止基础底部土壤松动，一般在基坑或基槽底部标高以上预留200mm人工清理。在土建工程中，完成基坑或条形基础的开挖后，使用人工将基坑中土石方、渣土运弃至建筑承包商或建筑方指定的消纳场地。

（14）换填。将基础地面以下一定范围内的软弱土挖去，然后回填强度高、压缩性较低，并且没有侵蚀性的材料的方法。

（15）打钎拍底。指挖到基础持力层后，为了检查该持力层下部土层情况而采用的一种比较方便简单的检测方法。

（16）褥垫层。解决地基不均匀的一种方法，与桩形成复合地基，保证桩和桩间土的共同作用。

（17）灰土。用黏土、石灰加水拌和夯实而成，是具有灰化淀积层的矿质土壤。

（18）肥槽。为提供作业面而多开挖的那一部分，一般情况下是指建筑物地下室外墙或基础外墙与基坑边之间的空间。

（19）房心回填。指室外地坪以上至室内地面垫层之间的回填，也称室内回填土。

（20）水泥搅拌桩。水泥搅拌桩是指软基处理的一种有效形式，将水泥作为固化剂的主剂，利用搅拌桩机将水泥喷入土体并充分搅拌，使水泥与土发生一系列物理化学反应，使软土硬结而提高地基强度。水泥搅拌桩按主要使用的施工做法分为单轴、双轴和三轴搅拌桩。

（21）钢板桩。钢板桩是指边缘带有联动装置，且这种联动装置可以自由组合以便形成一种连续紧密的挡土或者挡水墙的钢结构体。

（22）拉森钢板桩。又叫 U 型钢板桩，它作为一种新型建材，在建桥围堰、大型管道敷设、临时沟渠开挖时作挡土、挡水、挡沙墙；在码头、卸货场作护墙、挡土墙、堤防护岸等，工程上发挥重要作用。拉森钢板桩做围堰不仅绿色、环保而且施工速度快、施工费用低，具有很好的防水功能。

（23）环梁。一种用于深基坑的支护形式。

（24）格构柱。用作压弯构件，多用于厂房框架柱和独立柱，断面一般为型钢或钢板设计成双轴对称或单轴对称断面。格构体系构件由肢件和缀材组成，肢件主要承受轴向力，缀材主要抵抗侧向力（相对于肢体轴向而言）。

（25）土钉（锚杆）墙。一种原位土体加筋技术。将基坑边坡通过由钢筋制成的土钉进行加固，边坡表面铺设一道钢筋网再喷射一层混凝土面层和土方边坡相结合的边坡加固型支护施工方法。其构造为设置在坡体中的加筋杆件（即土钉或锚杆）与其周围土体牢固粘结形成的复合体，以及面层所构成的类似重力挡土墙的支护结构。

（26）地下连续墙。基础工程在地面上采用一种挖槽机械，沿着深开挖工程的周边轴线，在泥浆护壁条件下，开挖出一条狭长的深槽，清槽后，在槽内吊放钢筋笼，然后用导管法灌筑水下混凝土筑成一个单元槽段，如此逐段进行，在地下筑成一道连续的钢筋混凝土墙壁，作为截水、防渗、承重、挡水结构。

（27）止水帷幕。是工程主体外围止水系列的总称。用于阻止或减少基坑侧壁及基坑底地下水流入基坑而采取的连续止水体。

（28）降水井。降水井起到降低地下水位或者疏干地下水的作用，有深有浅，深度按照降水要求，深的降水井，甚至可以达到五六十米。降水井类型有轻型井点、管井、真空井点等。

（29）爆破拆除。指将爆破技术应用于建筑物的拆解。

（30）静力切割。靠金刚石工具对钢筋和混凝土进行磨削切割，从而将钢筋混凝土一分为二，无震动、无损伤切割拆除工法。

（31）灌注桩。一种就位成孔，灌注混凝土或钢筋混凝土而制成的桩。

（32）管桩。分为后张法预应力管桩和先张法预应力管桩。先张法预应力管桩是采用先张法预应力工艺和离心成型法制成的一种空心筒体细长混凝土预制构件，主要由圆筒形桩身、端头板和钢套箍等组成。

（33）接桩。指由于一根桩的长度达不到设计规定的深度，需要将预制桩一根一根连接起来继续向下打，直至打入设计的深度为止，将已打入的前一根桩顶端与后一根桩的下端相连接在一块的过程。

（34）送桩。在打桩时，由于打桩架底盘离地面有一定距离，不能将桩打入地面以下设计位置，而需要用打桩机和送桩机将预制桩共同送入土中的过程。

（35）截桩。混凝土搅拌桩因为要保证桩顶的混凝土强度质量，在施工时要高出使用标高一定的距离，基坑开挖后截断这些高出部分。

（36）砖胎模。是模板制安的一种形式，大多用于基础工程，有的预制工程也用砖砌筑侧模，但是为保证预制构件的质量和外观，一般都做了粉刷处理。

（37）混凝土强度等级。指混凝土的抗压强度。按《混凝土强度检验评定标准》（GB/T 50107—2010）的标准，混凝土的强度等级应按照其立方体抗压强度标准值确定。采用符号 C 与立方体抗压强度标准值（以 N/mm^2 或 MPa 计）表示。

（38）抗渗等级。以 28d 龄期的标准试件，按标准试验方法进行试验时所能承受的最大水压力来确定。《混凝土质量控制标准》（GB 50164—2011）根据混凝土试件在抗渗试验时所能承受的最大水压力，将混凝土的抗渗等级划分为 P4、P6、P8、P10、P12、>P12 六个等级，相应表示能抵抗 0.4MPa、0.6MPa、0.8MPa、1.0MPa 及 1.2MPa 的静水压力而不渗水，换而言之就是混凝土抗渗试验时一组 6 个试件中 4 个试件未出现渗水时不同的最大水压力。抗渗等级≥P6 的混凝土为抗渗混凝土。

（39）混凝土外加剂。是在搅拌混凝土过程中掺入，占水泥质量 5% 以下的，能显著改善混凝土性能的化学物质。混凝土外加剂的特点是品种多、掺量小，对混凝土的性能影响较大，具有投资少、见效快、技术经济效益显著的特点。随着科学技术的不断进步，外加剂已越来越多地得到应用，外加剂已成为混凝土除 4 种基本组分以外的第 5 种重要组分。

（40）混凝土垫层。钢筋混凝土基础与地基土的中间层，作用是使其表面平整便于在上面绑扎钢筋，也起到保护基础的作用，都是素混凝土的，无需加钢筋。

（41）筏形基础。由底板、梁等整体组成。建筑物荷载较大、地基承载力较弱时，常采用混凝土底板作为筏板，承受建筑物荷载，形成筏基，其整体性好，能很好地抵抗地基不均匀沉降。

（42）基础梁。简单说就是在地基土层上的梁。基础梁一般用于框架结构、框架剪力墙结构，框架柱落于基础梁上或基础梁交叉点上，其主要作用是作为上部建筑的基础，将上部荷载传递到地基上。

（43）承台梁。所谓承台梁，顾名思义，就是承受上面重大荷载的。而承台梁便是在承台为桩的时候，在桩口起的地梁，一般比承重梁配比高，结构要求高。它的作用是为了承受上面巨大的荷载，加强基础的整体性，承台一般应用于高层建筑的基础结构中。承台板便是在地梁之上的板，和周围的地面一体，上面素灰抹平。承台梁分为柱下条形承台梁和砌体墙下条形承台梁。

（44）加腋。指在整体结构的转角处同时加大两个相交截面的面积，一般做成三角形，与相交的结构同时浇筑即可。加腋部分应适当配置构造钢筋。

（45）柱墩。又称墩基，一般位于筏基上部，柱根部。埋深大于 3m、直径不小于 800mm，且埋深与墩身直径的比小于 6 或埋深与扩底直径的比小于 4 的独立刚性基础，可按墩基进行设计。墩身有效长度不宜超过 5m。

（46）桩承台。指当建筑物采用桩基础时，在群桩基础上将桩顶用钢筋混凝土平台或者平板连成整体基础，以承受其上荷载的结构。

（47）条形基础。从基础结构而言，凡墙下的长条形基础，或柱和柱间距离较近而连接起来的条形基础，都称为条形基础。

（48）独立基础。用于单柱或高耸构筑物并自成一体的基础。

（49）设备基础。用于安装机电设备的基础。设备基础的特点：体积大，连续基础长，基坑深，基础上地脚螺栓孔、锚板孔、预埋地脚螺栓数量多，有的为复杂体形基础。

（50）框架柱。在框架结构中承受梁和板传来的荷载，并将荷载传给基础，是主要的竖向支撑结构。

（51）暗柱。也叫墙柱（英文名为concealed column或embedded column）。暗柱是剪力墙中边缘构件的别称，是剪力墙的一部分，一般位于墙肢平面的端部（即边缘），主要用于承载墙体受到的平面内弯矩作用。暗柱宽度和墙身等同，在外观上暗藏于墙中不易辨别，故而得名。

（52）框架梁。指两端与框架柱（KZ）相连的梁，或者两端与剪力墙相连但跨高比不小于5的梁。结构设计中，对于框架梁还有另一种观点，即需要参与抗震的梁。纯框架结构随着高层建筑的兴起而越来越少见，而剪力墙结构中的框架梁主要则是参与抗震的梁。

（53）非框架梁。在框架结构中框架梁之间设置的将楼板的重量先传给框架梁的其他梁就是非框架梁。

（54）剪力墙。又称抗风墙、抗震墙或结构墙。房屋或构筑物中主要承受风荷载或地震作用引起的水平荷载和竖向荷载（重力）的墙体，防止结构剪切（受剪）破坏。又称抗震墙，一般用钢筋混凝土做成。

（55）连梁。指在剪力墙结构和框架—剪力墙结构中，连接墙肢与墙肢，在墙肢平面内相连的梁。连梁一般具有跨度小、断面大，与连梁相连的墙体刚度又很大等特点。一般在风荷载和地震作用下，连梁的内力往往很大。在内力计算中一般对连梁进行刚度折减，但是进行位移计算时一般不做折减。通俗点说，连梁是两个墙（剪力墙）中间有洞口或断开，但受力要求又要连在一起而增加的受力构件。在连梁下面一般是有洞口的。墙肢指的是剪力墙向两个不同方向延伸的部分，也就是我们俗称的墙体。

（56）暗梁。隐藏在板类构件或者混凝土墙类构件中，与单梁和框架梁类构件非常近似，配合板或者墙类构件共同工作，可以提高板的抗弯能力。一方面强化墙体与顶板的节点构造，另一方面为横向受力的墙体提供边缘约束，强化墙体与顶板的刚性连接。

（57）有梁板。指由梁和板连成一体的钢筋混凝土板，它包括梁板式肋形板和井字肋形板，工程量按梁、板体积总和计算。

（58）无梁板。指板无梁、直接用柱头支撑，包括板和柱帽。其工程量按板和柱帽的体积之和计算。无梁板是将板直接支承在墙和柱上，不设置梁的板。是板的一种结构形式，它常用作于为增加房间净空高度而设计的楼板，住宅楼里比较常见。无梁板多是采用双层双向钢筋，并且增加板的厚度，从而减少梁的出现，做到增加房间净空高度，而且该房间内可以由住户自由设计内墙隔断。

（59）柱上板带（跨中板带）。无梁结构的工程，柱上板带是以柱为主要受力，跨中板带次要受力的结构，配筋是不同的。另外，从建筑专业术语上讲，板带是为了结构设计、钢筋配筋、施工要求的需要而设定的对于建筑结构的底板或者楼板而划分的界定区域。

（60）柱帽。当楼面荷载较大时，为提高板的承载能力、刚度和抗冲切能力，在柱顶设置的用来增加柱对板支托面积的结构。

（61）后浇板。二次浇筑的板，常用于水电管井。

（62）人防工程。指为保障战时人员与物资掩蔽、人民防空指挥、医疗救护而单独修建的地下防护建筑，以及结合地面建筑修建的战时可用于防空的地下室。

（63）飘窗。一般呈矩形或梯形向室外凸起，三面都装有玻璃。

（64）栏板。建筑物中起到围护作用的一种构件，供人在正常使用建筑物时防止坠落的防护措施，是一种板状护栏设施，封闭连续，一般用在阳台或屋面女儿墙部位，高度一般在1m左右。

（65）挑檐。指屋面（楼面）挑出外墙的部分，一般挑出宽度不大于50cm。主要是为了方便做屋面排水，对外墙也起到保护作用。

（66）天沟。指建筑物屋面两跨间的下凹部分。屋面排水分有组织排水和无组织排水（自由排水），有组织排水一般是把雨水集到天沟内再由雨水管排下，集聚雨水的沟就被称为天沟。天沟分内天沟和外天沟，内天沟是指在外墙以内的天沟，一般有女儿墙；外天沟是挑出外墙的天沟，一般没女儿墙。天沟多用白铁皮或石棉水泥制成。

（67）雨篷。设在建筑物出入口或顶部阳台上方用来挡雨、挡风、防高处落物砸伤的一种建筑装配。

（68）楼梯。建筑物中作为楼层间垂直交通用的构件，用于楼层之间和高差较大时的交通联系。在设有电梯、自动梯作为主要垂直交通手段的多层和高层建筑中也要设置楼梯。高层建筑尽管采用电梯作为主要垂直交通工具，但仍然要保留楼梯供火灾时逃生之用。楼梯由连续梯级的梯段（又称梯跑）、平台（休息平台）和围护构件等组成。

（69）构造柱。为了增强建筑物的整体性和稳定性，多层砖混结构建筑的墙体中还应设置钢筋混凝土构造柱，并与各层圈梁相连接，形成能够抗弯抗剪的空间框架，它是防止房屋倒塌的一种有效措施。

（70）过梁。当墙体上开设门窗洞口且墙体洞口大于300mm时，为了支撑洞口上部砌体所传来的各种荷载，并将这些荷载传给门窗等洞口两边的墙，常在门窗洞口上设置横梁，该梁称为过梁。

（71）圈梁。为防止地基的不均匀沉降或较大振动荷载等对房屋的不利影响，一般应在墙体中设置钢筋混凝土圈梁或钢筋砖圈梁，以增强砖石结构房屋的整体刚度。

（72）压顶。在建筑中露天的墙上顶部的钢筋混凝土覆盖层，一般在外墙的窗台顶部、窗户底部、女儿墙的顶部。

（73）后浇带。为适应环境温度变化、混凝土收缩、结构不均匀沉降等因素影响，在梁、板（包括基础底板）、墙等结构中预留的具有一定宽度且经过一定时间后再浇筑的混凝土带。

（74）超前止水带。在基础完工后即可进行外墙防水和土方回填等后续工序。在主体完工后，再浇筑后浇带的混凝土。这种用在后浇带位置，并且先于后浇带浇筑而做的止水带称为超前止水带。

（75）楼承板。支承楼面混凝土的压制成型的钢板被称为压型钢板，又叫楼承板钢承板。

（76）叠合板。是由预制板和现浇钢筋混凝土层叠合而成的装配整体式楼板。

（77）钢筋等级。钢筋按力学性能分为Ⅰ级钢筋（300/420级）、Ⅱ级钢筋（335/455级）、Ⅲ级钢筋（400/540级）和Ⅳ级钢筋（500/630级）。

（78）混凝土保护层。结构构件中钢筋外边缘至构件表面范围用于保护钢筋的混凝土，简称保护层。从混凝土碳化、脱钝和钢筋锈蚀的耐久性角度考虑，不再以纵向受力钢筋的外缘，而以最外层钢筋（包括箍筋、构造筋、分布筋等）的外缘计算混凝土保护层厚度。

（79）抗震等级。设计部门依据国家有关规定，按"建筑物重要性分类与设防标准"，根据设防类别、结构类型、烈度和房屋高度四个因素确定，而采用不同抗震等级进行的具体设计。以钢筋混凝土框架结构为例，抗震等级划分为一级至四级，以表示其很严重、严重、较严重及一般的四个级别。

（80）定尺。由产品标准规定的钢坯和成品钢材的特定长度。按定尺生产产品，钢材的生产和使用部门能有效节约金属，便于组织生产，充分利用设备能力，简化包装，方便运输。不同的国家对钢材定尺长度都有专门的规定。钢材定尺方法随生产规模、机械化自动化程度、钢材品种不同而不同。

（81）绑扎。建筑施工初期对钢筋结构的编扎，便于更好的、安全的施工。

（82）单面焊。在焊接钢筋的时候，两个钢筋接头，只在接头的一面（或侧）施焊的焊接就叫单面焊。

（83）双面焊。在第一个面焊完后，再在工件背面施焊。

（84）电渣压力焊。是将两钢筋安放成竖向或斜向（倾斜度在4:1的范围内）对接形式，利用焊接电流通过两钢筋间隙，在焊剂层下形成电弧过程和电渣过程，产生电弧热和电阻热，熔化钢筋，加压完成的一种压焊方法。简单地说，就是利用电流通过液体熔渣所产生的电阻热进行焊接的一种熔焊方法。但与电弧焊相比，它工效高、成本低，我国在一些高层建筑施工中电渣压力焊已取得很好的效果。

（85）机械连接。一项新型钢筋连接工艺，被称为继绑扎、电焊之后的"第三代钢筋接头"，具有接头强度高于钢筋母材、速度比电焊快5倍、无污染、节省钢材20%等优点。包括套筒挤压连接接头、锥螺纹连接接头、直螺纹连接接头等。

（86）压墙筋。设计在剪力墙顶部或底部有构造钢筋的时候输入这项钢筋，一般多用于剪力墙上。

（87）梁侧面钢筋。建筑结构中的一种钢筋构造，又称"腹筋"。承受梁侧面温度变化及混凝土收缩所引起的应力，并抑制混凝土裂缝的开展。

（88）吊筋。将作用于混凝土梁式构件底部的集中力传递至顶部，是提高梁承受集中荷载抗剪能力的一种钢筋，形状如元宝，又称为元宝筋，常用于高层建筑。

（89）板洞加筋。在板洞四周附加的钢筋。

（90）墙下无梁加筋。本层需砌筑砌体墙，同时满足下一层该处顶板无梁的位置，需在本层砌体墙下（下一层顶板中）附加的钢筋。

（91）放射筋。一般布置在屋面板挑出部分的四个角处，呈放射状布置，所以叫作放射筋。放射筋常设置在挑檐板转角、外墙阳角、大跨度板的角部等处，这类地方容易产生应力集中，造成混凝土开裂，所以要加放射筋。

（92）砌体加筋。砌体加筋就是砖砌体与构造柱或混凝土框架结构相交处设置的拉结筋，加强墙和混凝土的整体性，提高抗震效果。也可以理解为是墙砌体与不同的钢筋混凝土柱、墙交接处的拉结钢筋。

（93）马凳筋。用于上下两层板钢筋中间，起固定支撑上层板钢筋的作用。

（94）梯子筋。像梯子一样的钢筋。梯子筋是用来保证剪力墙两排钢筋的间距和钢筋保护层用的像梯子一样的钢筋，可以代替主筋和拉钩。

（95）分布筋。大部分是出现在楼板上的，分布筋是处在受力筋上面的成90°起固定受力钢筋位置的作用，并将板上的荷载分散到受力钢筋上，同时也能防止因混凝土的收缩和温度变化等原因，在垂直于受力钢筋方向产生的裂缝。在剪力墙上，墙梁与墙柱之外的墙体纵筋横筋亦称作分布筋。

（96）温度筋。为了防止温差较大而设置的防裂措施。

（97）定位筋。将钢筋笼最大化的定位在孔的中间，确保钢筋笼在浇注后达到规范要求的混凝土保护层。

（98）梁垫铁。用于梁上部或下部双排钢筋时支撑钢筋所用。

（99）架立筋。指辅助箍筋架立的纵向构造钢筋，其主要作用是把受力钢筋固定在正确的位置上，并与受力钢筋连成钢筋骨架，从而充分发挥各自的力学性能。对于一般的钢筋混凝土简支梁来说，由于其在荷载作用下上部受压，故在梁上部不需要配置受拉钢筋，但为了施工时架设箍筋的需要，在梁上部一般布置两根通长的钢筋，概述图中表示为2Φ10。

（100）植筋。又叫种筋，是建筑结构抗震加固工程上的一种钢筋后锚固利用结构胶锁键握紧力作用的连接技术，是结构植筋加固与重型荷载紧固应用的最佳选择。

（101）二次灌浆。即用细碎石混凝土或水泥浆将设备底座与基础表面之间的空隙填满并将垫铁埋在混凝土里，以固定垫铁和承受设备的负荷的一种技术。

（102）螺栓。机械零件，配用螺母的圆柱形带螺纹的紧固件。由头部和螺杆（带有外螺纹的圆柱体）两部分组成的一类紧固件，需与螺母配合，用于紧固连接两个带有通孔的零件。这种连接形式称螺栓连接。如把螺母从螺栓上旋下，又可以使这两个零件分开，故螺栓连接属于可拆卸连接。普通螺栓，一般指的是低强度等级要求的螺栓，一般情况下是4.8级的普通螺栓。

（103）高强螺栓。就是高强度的螺栓，属于一种标准件。一般情况下，高强度螺栓可承受的载荷比同规格的普通螺栓要大。

（104）预埋件。指预先埋入的钢铁结构件，一般仅指埋入混凝土结构中者。

（105）加劲。由纵向加劲肋加强的翼板被腹板、横隔板或由纵、横向加劲肋加强的腹板被翼板和横隔板分割成的若干个加劲肋的部分板件。由母板和加劲肋组成，加劲肋焊接于母板上。

（106）砌体墙。用块体和砂浆通过一定的砌筑方法砌筑而成的墙体。

（107）通风道。安装在住宅厨房、卫生间内将烟气集中排放送到外部空间去的烟囱，是用于排除住宅厨房炊事活动产生的油烟气或卫生间浊气的非金属管道制品。也称住宅排风道、住宅通风道、住宅烟道等。

（108）止回阀。指启闭件为圆形阀瓣并靠自身重量及介质压力产生动作来阻断介质倒流的一种阀门。

（109）屋面瓦。房子的屋面系统大致可以分成坡屋面和平屋面两种。坡屋面系统的历史可以追溯到远古，我国自有史记载以来至清末，房屋建筑几乎都是坡屋面的。瓦作为最古老的建筑材料之一，千百年来被广泛使用。瓦是最主要的屋面材料，它不仅起到了遮风挡雨和室内采光的作用，而且有着重要的装饰效果。

（110）防水保护层。可以最大限度地增加防水层的耐用性，加强时效性。防水层由于长期裸露在外，再加上太阳的强烈照射，就会有裂缝或者鼓包，防水保护层可以避免这些现象的出现。

（111）防水附加层。指为了防止雨水透过防水层而在拐角或是容易发生渗水的重点部位加固的防水层处理，其施工材料一般与防水层采用同种材料。

（112）凹凸蓄/排水板。一种新型的排水系统，用于种植屋面可减轻屋面荷载、有效防止根系的穿透，对防水层起到保护作用。

（113）泛水。即屋面防水层与突出结构之间的防水构造。突出于屋面之上的女儿墙、烟囱、楼梯间、变形缝、检修孔、立管等壁面与屋顶的交接处，将屋面防水层延伸到这些垂直面上,形成立铺的防水层,称为泛水。

(114)勒脚。建筑物外墙的墙脚,即建筑物的外墙与室外地面或散水部分的接触墙体部位的加厚部分。也可这样定义:为了防止雨水反溅到墙面,对墙面造成腐蚀破坏,结构设计中对窗台以下一定高度范围内进行外墙加厚,这段加厚部分称为勒脚。

(115)止水带。用于地下室临土面施工缝处,常见于后浇带两侧,包含钢板止水带、橡胶止水带、止水条等。

(116)二次结构。在框架、剪力墙、框剪工程中的一些非承重的混凝土结构,构造柱、过梁、圈梁、防水台、门槛等一些在装饰前需要完成的部分。

(117)保温板。以保温材料加上其他的辅料与聚合物,通过加热混合同时注入催化剂,然后挤塑压出成型而制造的硬质泡沫塑料板,具有防潮、防水性能,可减少建筑物外围护结构厚度,从而增加室内使用面积。

(118)保温砂浆。以各种轻质材料为骨料,以水泥为胶凝料,掺和一些改性添加剂,经生产企业搅拌混合而制成的一种预拌干粉砂浆,是用于构筑建筑表面保温层的一种建筑材料。无机保温砂浆材料保温系统防火不燃烧,可广泛用于密集型住宅、公共建筑、大型公共场所、易燃易爆场所、对防火要求严格场所。还可作为防火隔离带施工,提高建筑防火标准。

(119)防火隔离带。指为阻止火灾大面积延烧,起着保护生命与财产作用的隔离空间和相关设施。防火隔离带设置在可燃类保温材料外墙外保温系统中,按水平方向设置,是采用不燃烧保温缝阻止火灾沿外墙而上或在外墙外保温系统中蔓延的建筑外墙外保温防火构造工程。

(120)保温线脚。用于建筑外立面起到装饰效果的线条。

(121)单元门。分隔建筑物室内、室外空间的门。

(122)入户门。进入房屋的第一道门,也叫进户门。

(123)防火门。指在一定时间内能满足耐火稳定性、完整性和隔热性要求的门。它是设在防火分区间、疏散楼梯间、垂直竖井等具有一定耐火性的防火分隔物。防火门除具有普通门的作用外,更具有阻止火势蔓延和烟气扩散的作用,可在一定时间内阻止火势的蔓延,确保人员疏散。

(124)防火卷帘门。一种适用于建筑物较大洞口处的防火、隔热设施。防火卷帘门广泛应用于工业与民用建筑的防火隔断区,能有效地阻止火势蔓延,保障生命财产安全,是现代建筑中不可或缺的防火设施。

(125)人防门。人民防护工程出入口的门,有普通单、双扇防护密闭门和密闭门,活门槛单、双扇防护密闭门和密闭门等多种类型。

(126)外檐窗。分隔建筑物室内、室外空间的窗。常见材质有铝合金窗、断桥铝窗、塑钢窗、铝包木窗等。

（127）百叶窗。使用很广泛的一种窗帘，做成百叶的形状，铝合金百叶窗主要是由不易生锈的铝合金构成，具有轻巧、耐久等优点。

（128）门窗套。指在门窗洞口的两个立边垂直面，可突出外墙形成边框也可与外墙平齐，既要立边垂直平整又要满足与墙面平整，因此质量要求很高。

（129）钢副框。建筑的门窗洞口建成后，尺寸不规范，安装附框后，门窗加工尺寸可以确定，另外也有利于门窗的安装，安全性更好。同时，采用附框，使门窗的安装质量更容易得到控制，也减小塑料门窗因热胀冷缩而产生的伸缩现象。

（130）披水板。一般指承接雨水并将承接的雨水改变流向的构件，有钢板的、混凝土材质的。一般在窗台处安装披水板，能挡住雨水污染墙面。

（131）塞口。用于门窗框与结构墙之间的填充做法。

（132）幕墙。建筑的外墙围护，不承重，像幕布一样挂上去，故又称为"帷幕墙"，是现代大型和高层建筑常用的带有装饰效果的轻质墙体。由面板和支承结构体系组成，可相对主体结构有一定位移能力或自身有一定变形能力、不承担主体结构所作用的建筑外围护结构或装饰性结构（外墙框架式支撑体系也是幕墙体系的一种）。常用幕墙有石材幕墙、铝板幕墙、玻璃幕墙等。

（133）玻璃雨篷。以钢结构框架为主要结构，选用优质 Q235 材质的系列钢管等制作而成的防雨篷帐。钢结构是通过冷弯成型的弯圆设备弯制的；钢柱与基础面的衔接采用预埋件或螺杆锚固技术；玻璃一般采用两层夹胶工艺，确保破了一层还有一层，增加安全性，安全不伤人。

（134）栏杆。是桥梁和建筑上的安全设施。栏杆在使用中起分隔、导向的作用，使被分割区域边界明确清晰，设计好的栏杆，很具装饰意义。

（135）扶手。指设在梯段及平台边缘的安全保护构件。扶手一般附设于栏杆顶部，供依扶用。扶手也可附设于墙上，称为靠墙扶手。

（136）软装、硬装。硬装是除了必须满足的基础设施以外，为了满足房屋的结构、布局、功能、美观需要，添加在建筑物表面或者内部的固定且无法移动的装饰物。而与之搭配的可移动的装饰物则称为软装。

（137）过门石。是指用来分隔不同材质或者区分不同空间功能的石材。

（138）地坪漆（耐磨骨料）。一种用于地下车库地面面层的装饰做法。

（139）标识及停车划线。地下车库或地上道路用于机动车行驶时起到指引、提示作用的标志。

（140）软、硬景。硬景指在整个园林景观单元中，由铺装、建造、木作、机电等方法造就的景观元素，如亭、台、廊、榭、景墙、水池、喷泉、假山、雕塑等。而与之搭配的以植物造就的景观则称为软景。

（141）精神堡垒。具备一定的体量和高度，能够独立表达企业形象的大型单体标识。精神堡垒特指为商业体、主题园区、交通站点等公共场所，树立醒目且符合场地气质的艺术构筑物。

（142）园林小品。景观中的点睛之笔，一般体量较小、色彩单纯，对空间起点缀作用。室外景观小品很多时候特指公共艺术品。景观小品包括建筑小品、生活设施小品、道路设施小品。

（143）加固工程。指对可靠性不足或业主要求提高可靠度的承重结构、构件及其相关部分采取增强、局部更换或调整其内力等措施，使其具有现行设计规范及业主所要求的安全性、耐久性和适用性。工业上主要进行的加固有粘钢加固、碳纤维加固、压力注浆加固、植筋加固、锚栓加固、钢管桩加固等。

（144）雨水管。雨水管屋面是有组织排水屋面，是指屋面涌水首先收集到檐沟，然后经雨水管排到地面。雨水管是一般民用建筑屋面排除雨雪水常用的方式。它由格栅排水口、雨水斗和雨水管等部分组成，排水引至地面或接入雨水管。

（145）雨水斗。设在屋面雨水由天沟进入雨水管道的入口处。雨水斗有整流格栅装置，能迅速排除屋面雨水，格栅具有整流作用，避免形成过大的旋涡，稳定斗前水位，减少掺气，迅速排除屋面雨水、雪水，并能有效阻挡较大杂物。

（146）风帽。通风设备之一。装于屋面、车顶等通风口或排风管上。

（147）台阶。室外台阶与坡道是设在建筑物出入口的辅助配件，用来解决建筑物室内外的高差问题。一般建筑物多采用台阶，当有车辆通行或室内外底面高差较小时，可采用坡道。

（148）坡道。由于使用或其他原因，无法建造台阶时，可以采用坡道来应对高度的变化。公共绿地和公共建筑，通常都需要无障碍通道，坡道乃是必不可少的设施。坡道是使行人在地面上进行高度转化的重要设施。

（149）散水。指房屋外墙四周的勒脚处（室外地坪上）用片石砌筑或用混凝土浇筑的有一定坡度的散水坡。散水的作用是迅速排走勒脚附近的雨水，避免雨水冲刷或渗透到地基，防止基础下沉，以保证房屋的巩固耐久。散水宽度宜为600~1000mm，当屋檐较大时，散水宽度要随之增大，以便屋檐上的雨水都能落在散水上迅速排散。散水的坡度一般为5%，外缘应高出地坪20~50mm，以便雨水排出流向明沟或地面他处散水，与勒脚接触处应用沥青砂浆灌缝，以防止墙面雨水渗入缝内。

（150）变形缝。是伸缩缝、沉降缝和防震缝的总称。建筑物在外界因素作用下常会产生变形，导致开裂甚至破坏。变形缝是针对这种情况而预留的构造缝。

（151）挡烟垂壁。用不燃烧材料制成，从顶棚下垂不小于500mm的固定或活动的挡烟设施。活动挡烟垂壁系指火灾时因感温、感烟或其他控制设备的作用，自动下垂的挡烟垂壁。主要用于高层或超高层大型商场、写字楼以及仓库等建筑，能有效阻挡烟雾在建筑顶棚下横向流动，以利提高在防烟分区内的排烟效果，对保障人民生命财产安全起到一定作用。

（152）防潮层。为了防止地面以下土壤中的水分进入砖墙而设置的材料层。防潮层构造方案：隔汽膜＋保温层＋防水透汽膜。隔汽膜减缓了室内水汽向保温层排放的速度，并有效阻止冷凝的形成，使防水透汽膜有效将保温层水汽迅速排放出去，保护结构热工性能，从而达到节约能耗的目的。

第二部分　施工技术

（153）施工组织设计。用以指导施工组织与管理、施工准备与实施、施工控制与协调、资源的配置与使用等全面性的技术、经济文件，是对施工活动的全过程进行科学管理的重要手段。通过编制施工组织设计文件，可以针对工程的特点，根据施工环境的各种具体条件，按照客观的规律施工。

（154）土方平衡方案。通过"土方平衡图"计算出场内高处需要挖出的土方量和低处需要填进的土方量，就知道计划外运进、运出的土方量，这就是场内平衡工作。在计划基础开挖施工时，尽量减少外运进、运出的土方量的工作，不仅关系土方费用，而且对现场平面布置有很大的影响。

（155）五个百分百。①建筑工地围档必须100%全封闭，且达到美观大方、安全实用要求；②施工现场的主要施工道路必须100%全硬化；③工地大门内必须安装定型车辆冲洗设备，保证出来的车辆必须100%全冲洗；④建筑工地砂石、裸露黄土（含地面）必须100%全覆盖；⑤闲置6个月以上的待建工地必须100%全绿化。

（156）后压浆。桩基施工中的一种工艺，为保证桩基的承载力，一般在桩基灌注结束后，通过提前埋设的压浆管，对桩体进行桩底、桩周压浆工艺。

（157）临时围墙。建筑工程开工前，需要三通一平，并且施工区域应形成封闭施工，必须先建设临时围挡作为施工场地的临时围墙。

（158）模板。指新浇混凝土成型的模板以及支承模板的一整套构造体系，模板有各种不同的分类方法，按照形状分为平面模板和曲面模板两种；按受力条件分为承重和非承重模板。

（159）铝模。全称为混凝土工程铝合金模板，是继木模板、竹、木胶合板、钢模板之后的新一代模板系统。

（160）止水螺栓。止水螺栓也是分体式止水螺杆、防水螺杆，它用于地下室剪力墙或人防墙，起止水和加固以及控制模板的作用。

（161）外脚手架。指在建筑物外围搭设的脚手架。外脚手架使用广泛，包含各种落地式外脚手架、挂式脚手架、挑式脚手架、吊式脚手架等，一般均在建筑物外围搭设。外脚手架多用于外墙砌筑、外立面装修以及钢筋混凝土工程。

（162）内脚手架。又称内墙脚手架，是沿室内墙面搭设的脚手架，可用于内外墙砌筑和室内装修施工，具有用料少、灵活轻便等优点。

（163）综合脚手架。综合了建筑物中砌筑内外墙所需用的砌墙脚手架、运料斜坡、上料平台、金属卷扬机架、外墙粉刷脚手架等内容。它是工业和民用建筑物砌筑墙体（包括其外粉刷），所使用的一种脚手架。综合脚手架是我们对以上内容的统称，但在套用定额时，应根据其建筑物的结构形式（如单层、全现浇结构、混合结构、框架结构等）来套用相应的定额。

（164）满堂脚手架。又称作满堂红脚手架，是一种在水平方向满铺搭设脚手架的施工工艺，多用于施工人员施工通道等，不能作为建筑结构的支撑体系。满堂脚手架为高密度脚手架，相邻杆件的距离固定，压力传导均匀，因此也更加稳固。

（165）移动脚手架。指施工现场为工人操作并解决垂直和水平运输而搭设的各种支架。它具有装拆简单、承载性能好、使用安全可靠等特点，发展速度很快，移动脚手架在各种新型脚手架中，开发最早，使用量也最多。

（166）门式脚手架。门式脚手架是建筑用脚手架中，应用最广的脚手架之一。由于主架呈"门"字型，所以称为门式或门型脚手架，也称鹰架或龙门架。这种脚手架主要由主框、横框、交叉斜撑、脚手板、可调底座等组成。

（167）爬架。又叫提升架，依照其动力来源可分为液压式、电动式、人力手拉式等主要几类。它是近年来开发的新型脚手架体系，主要应用于高层剪力墙式建筑。它能沿着建筑物往上攀升或下降。这种体系使脚手架技术完全改观：一是不必翻架子；二是免除了脚手架的拆装工序（一次组装后一直用到施工完毕），且不受建筑物高度的限制，极大地节省了人力和材料，在安全角度也对于传统的脚手架有较大的改观，在高层建筑中极具发展优势。

（168）马道。指建于城台内侧的漫坡道，一般为左右对称。坡道表面为陡砖砌法，利用砖的棱面形成涩脚，俗称"礓"，便于马匹、车辆上下。在建筑施工中，当角度较大边坡高于一定高度时，在边坡上设置1~2m宽的较水平的道路。

（169）塔式起重机。建筑工地上最常用的一种起重设备，以一节一节的接长（高）（简称"标准节"），用来吊施工用的钢筋、木楞、混凝土、钢管等原材料。塔式起重机是工地上一种必不可少的设备。

（170）吊篮。建筑工程高处作业的建筑工具，作用于幕墙安装、外墙清洗。其悬挑机构架设于建筑物或构筑物上，利用提升机构驱动悬吊平台，是通过钢丝绳沿建筑物或构筑物立面上下运行的施工设施，也是为操作人员设置的作业平台。

（171）施工电梯。通常称为施工升降机，但施工升降机包括的定义更宽广，施工平台也属于施工升降机系列。单纯的施工电梯是由轿厢、驱动机构、标准节、附墙、底盘、围栏、电气系统等几部分组成，是建筑中经常使用的载人载货施工机械，由于其独特的箱体结构使其乘坐起来既舒适又安全，施工电梯在工地上通常是配合塔式起重机使用，一般载重量在1~3t，运行速度为1~63m/min。

（172）施工段。组织流水作业时，把施工对象划分为劳动量相等或相近的若干段，这些段即施工段。每一施工段在某一段时间内只供从事一个施工过程的工作队（或小组）工作。划分施工段时，应使其分界同施工对象的结构界限（温度缝、沉降缝、单元分界线）相一致；各施工段上的劳动量尽可能相近；施工段数不能过多，否则人数少、工期长；各施工段要有足够的工作面便利施工；要使各施工队能够连续施工。

（173）施工缝。指的是在混凝土浇筑过程中，因设计要求或施工需要分段浇筑，而在先、后浇筑的混凝土之间所形成的接缝。施工缝并不是一种真实存在的"缝"，它只是因先浇筑混凝土超过初凝时间，而与后浇筑的混凝土之间存在一个结合面，该结合面就称之为施工缝。

第三部分　计价

（174）甲供材。甲方直接提供的材料。

（175）甲指乙供材。甲方指定品牌、规格，由施工单位采购的材料。

（176）甲分包。甲方从主体建筑中分出直接外包的工程。

（177）甲指乙分包。甲方指定分包，放入总包合同的工程。

（178）涂布率。即在单位面积获得一定厚度的漆膜所需的漆量，以"g/m^2"来表示。

（179）损耗率。指材料在采购及使用过程中，必须考虑其因意外或人为造成的损耗，其损耗量所占的"净用量"的百分率。

（180）消耗量。为完成质量合格的单位产品所必须消耗的材料数量，它既包括了净用量，也包括了不可避免的损耗量，即在施工操作中，在现场堆放和从施工工地仓库运至操作地点所发生的不可避免的损耗量。另外还应考虑不是由于施工原因所造成的材料质量不符合标准和材料数量不足的影响。

（181）材料利旧。在拆除工程中，利用原有主材进行施工。

（182）材料回收。在拆除工程中，出售原有主材获取利润。

（183）措施费（开办费）。指为了完成工程项目施工，发生于该工程施工前和施工过程中非工程实体项目的费用,由施工技术措施费和施工组织措施费组成。

(184) 安全文明施工费。指按照国家现行的建筑施工安全、施工现场环境与卫生标准和有关规定,购置和更新施工防护用具及设施、改善安全生产条件和作业环境所需要的费用。

(185) 二次搬运费。指因施工场地狭小等特殊情况而发生的二次搬运费用。一般施工工程中所使用的多种建材,包括成品和半成品构件,都应按施工组织设计要求,运送到施工现场指定的地点堆积;但有些工地因施工场地狭小,或因交通道路条件较差使得运输车辆难以直接到达指定地点,这种需要通过小车或人力进行第二次或多次的转运所需的费用,称为材料的二次搬运费。

(186) 施工增加费。指为了保证冬(雨)期施工工程质量,所采取的保温、防雨、防滑、排除雨雪等措施所增加的材料、人工、设施费及工效差所增加的费用。

(187) 泵送费。指混凝土由混凝土泵直接压送至混凝土输送管进行浇灌所花费的措施费。

(188) 大型机械进出场费。大型施工机械整体或分件自停放场地运至使用地点或由一个工地运往另一个工地,运距在25km以内的一次性机械进出场运输及转移费。

(189) 垂直运输费。指现场所用材料、机具从地面运至相应高度以及施工人员上下工作面等所发生的运输费用。

(190) 超高增加费。建筑檐高超出一般高度因人工、机械降效应计取的费用。

(191) 智慧工地。指运用信息化手段,通过三维设计平台对工程项目进行精确设计和施工模拟,围绕施工过程管理,建立互联协同、智能生产、科学管理的施工项目信息化生态圈,并将此数据在虚拟现实环境下与物联网采集到的工程信息进行数据挖掘分析,提供过程趋势预测及专家预案,实现工程施工可视化智能管理,以提高工程管理信息化水平,从而逐步实现绿色建造和生态建造。

(192) 暂估价。指发包人在工程量清单或预算书中提供的用于支付必然发生但暂时不能确定价格的材料、工程设备的单价、专业工程以及服务工作的金额。

(193) 暂列金额。指招标人在工程量清单中暂定并包括在合同价款中的一笔款项。用于施工合同签订时尚未确定或者不可预见的所需材料、设备、服务的采购,施工中可能发生的工程变更、合同约定调整因素出现时的工程价款调整以及发生的索赔、现场签证确认等的费用。

(194) 计日工。以工作日为单位计算报酬。

(195) 总承包服务费。指总承包人为配合、协调建设单位进行的专业工程发包,对建设单位自行采购的材料、工程设备等进行保管以及施工现场管理、竣工资料汇总整理等服务所需的费用。

(196) 规费。经法律法规授权由政府有关部门对公民、法人和其他组织进行登记、注册、颁发证书时所收取的证书费、执照费、登记费等。

（197）营改增。指以前缴纳营业税的应税项目改成缴纳增值税。营改增的最大特点是减少重复征税，可以促使社会形成更好的良性循环，有利于企业降低税负。

（198）企业定额。施工企业根据本企业的施工技术和管理水平，以及有关工程造价资料制定的，并供本企业使用的人工、材料和机械台班消耗量标准。企业定额只在企业内部使用，是企业素质的一个标志。企业定额水平一般应高于国家现行定额，才能满足生产技术发展、企业管理和市场竞争的需要。

（199）地形整理。为满足园林呈现效果，通过整理土地满足地坪标高的施工构成。

（200）保修养护期。园林绿化工程施工合同中应约定施工保修养护期，一般不少于1年。

（201）开荒保洁。一般是指新房装修（粉刷）后的第一次保洁，因此也称装修后保洁。

（202）渣土消纳。建设单位、施工单位新建、改建、扩建和拆除各类建筑物、构筑物、管网等以及居民装饰装修房屋过程中所产生的弃土、弃料及其他废弃物，按照当地要求处理的过程。

第四部分　全过程造价

（203）估算。对具体工程的全部造价进行估算，以满足项目建议书、可行性研究和方案设计的需要。

（204）目标成本。完成本项目计划的最大成本，属于成本"红线"，不得突破。

（205）招标计划。为按期交付，甲方各部门依据项目工作内容统一安排的时间计划表。

（206）界面划分。依据合同，承包人需完成的施工范围。

（207）模拟清单。为了加快资金周转、缩短招标时间，采用模拟工程量招标的清单形式。

（208）港式清单。源于中国香港的清单计价模式，多数采用全费用综合单价清单的形式，遵循市场价格导向，这些内容和规定与国标的定额以及工程量清单计价规范均有较大差异；清单组成也有不同，一般由以下项目组成：①基本要求费用（包括临时设施、脚手架、机械设备、临水临电等，在合同文件中有相应的基本要求条款一一对应，一般为包干使用，结算时不予调整）；②分部分项工程项目（单价中已包括人、材、机、管理费、利润、规费、税金等全费用单价）；③总承包协调服务费；④不可预见费和暂定款项等。

（209）控制价（参考价、市场价）。招标人根据国家或省级、行业建设主管部门颁发的有关计价依据和办法，以及拟定的招标文件和招标工程量清单，结合工程具体情况编制的招标工程的最高投标限价。国有资金投资的工程建设项目应实行工程量清单招标，并应编制招标控制价。市场价的询价途径有电话询价、平台询价（广材网、慧讯网、兰格网、我的钢铁网、西本新干线等)、对标询价等。

(210) 设计优化。为了降低造价,设计单位对图纸进行调整的过程。

(211) 品质提升。在保证原有装修品质的基础上做进一步升级。

(212) 招标答疑。招标投标过程中,招标人在向投标人发放招标文件后,向投标人澄清有关招标疑问的过程。

(213) 回标。指投标人应招标人的邀请,根据招标公告或投标邀请书所规定的条件,在规定的期限内,向招标人递盘的行为。

(214) 清标。在评标委员会评标之前审查投标文件是否完整、总体编排是否有序、文件签署是否合格、投标人是否提交了投标保证金、有无计算上的错误等。

(215) 对标。近期类似工程价格与本工程价格做对比的过程。

(216) 套算。将对标价格计入本工程后的总价。

(217) 不平衡报价。在工程项目的投标总价确定后,根据招标文件的付款条件,合理地调整投标文件中子项目的报价,在不抬高总价以免影响中标(商务得分)的前提下,实施项目时能够尽早、更多地结算工程款,并能够赢得更多利润的一种投标报价方法。

(218) 调不平衡。对投标报价进行调整,消除不平衡报价的过程。

(219) 合同清单。承包人签订合同时的中标清单。

(220) 合同组卷。依据甲方要求,将中标单位在招标投标过程中形成的文件整理成合同的过程。

(221) 战略入库(集采入库)。出于长期共赢考虑,建立在共同利益基础上,实现深度的合作,由此产生的价格为战略价(集采价)。

(222) 限额设计。按照投资或造价的限额进行满足技术要求的设计。它包括两方面内容,一方面是项目的下一阶段按照上一阶段的投资或造价限额达到设计技术要求,另一方面是项目局部按设定投资或造价限额达到设计技术要求。

(223) 窗地比。应根据建筑所在地区的日照情况和房间使用对室内采光的需要情况来确定。民用建筑中房间采光等级表,其中的窗地面积比是指窗洞口的面积和房间地面的面积之比,可按民用建筑中房间采光等级表中规定来确定房间的开窗面积。

(224) 重计量(暂转固、转总)。将用模拟清单招标的暂定总价转为施工图固定总价的过程。

(225) 交圈。为了保证信息一致性而进行沟通的形式。

(226) 企业工程量计算规则。甲方为满足自身利益、降低履约风险约定的工程量计算规则。

(227) 设计答疑。设计单位对于图纸中存在的疑问做出答复的过程。

（228）含量。对构成工程实体主要构件或要素数量的统计分析，包括单方钢筋、混凝土、模板等工程量以及按建筑项目用途统计分析的单方地面、顶棚、内墙、外墙等装饰工程量。

（229）指标。单位建筑面积所消耗的一次性投资。单方造价指标是衡量建筑物技术经济效果的重要指标之一，由土建、水暖、电、通风、卫生、煤气等部分组成。

（230）对量。咨询公司与施工单位为确定总价而进行工程量、价格核对的过程。

（231）资金计划。为维持企业的财务流动性和适当的资本结构，以有限的资金谋取最大的效益，而采取的关于资金的筹措和使用的一整套计划。

（232）进度款。指在施工过程中，按逐月、多个月份合计（或形象进度，或控制界面等）完成的工程数量计算的各项费用总和。

（233）预付款。又称材料备料款或材料预付款。预付款用于承包人为合同工程施工购置材料、工程设备，购置或租赁施工设备、修建临时设施以及组织施工队伍进场等所需的款项。

（234）变更。指项目自初步设计批准之日起至通过竣工验收正式交付使用之日止，对已批准的初步设计文件、技术设计文件或施工图设计文件所进行的修改、完善、优化等活动。设计变更应以图纸或设计变更通知单的形式发出。

（235）签证。施工过程中出现与合同规定的情况、条件不符的事件时，针对施工图纸、设计变更所确定的工程内容以外，施工图预算或预算定额取费中未包含，而施工过程中确需发生费用的施工内容所办理的签证（不包括设计变更的内容）。

（236）结算。指施工企业按照承包合同和已完工程量向建设单位（业主）办理工程价清算的经济文件。

（237）复审。甲方自身或委托咨询公司对初审成果文件进行审核的过程。

（238）质保金。指为落实项目工程在缺陷责任期内的维修责任，从应付的工程款中预留，用以保证施工企业在缺陷责任期内对已通过竣（交）工验收的项目工程出现的缺陷，进行维修的资金。

（239）后评估。指在项目已经完成并运行一段时间后，对项目的目的、执行过程、效益、作用和影响进行系统的、客观的分析和总结的一种技术经济活动。

（240）建筑红线。红线一般是指各种用地的边界线。有时也把确定沿街建筑位置的一条建筑线谓之红线。它可与道路红线重合，也可退于道路红线之后，但绝不许超越道路红线，在建筑红线以外不允许建任何建筑物。

（241）工规证。经城乡规划主管部门依法审核，建设工程符合城乡规划要求的法律凭证。

（242）三通一平。三通一平是建设项目在正式施工以前，施工现场应达到水通、电通、道路通和场地平整等条件的简称。

（243）首开区（示范区）。为尽快满足销售许可条件及展示要求而首先开发的区域。

（244）大区。除首开区（示范区）以外的其他区域。

（245）公区。公共部位所占的区域（非户内区域）。

（246）售楼处。从字面意思解释就是销售楼盘的场所，售楼处作为楼盘形象展示的主要场所，不仅仅是接待、洽谈业务的地方，还是现场广告宣传的主要工具，通常也是实际的交易地点。

（247）样板间。样板间是商品房的一个包装，也是购房者装修效果的参照实例。

（248）赶工。对成本和进度进行权衡，确定在尽量少增加费用的前提下最大限度地缩短项目所需要的时间。

（249）索赔。指在合同履行过程中，对于并非自己的过错，而是应由对方承担责任的情况造成的实际损失向对方提出经济补偿和（或）时间补偿的要求。

（250）毛坯交房（粗装交房）。毛坯房又称为"初装修房"，这样的房子大多室内只有门框没有门，墙面地面仅做基础处理而未做表面处理。而屋外全部外饰面，包括阳台、雨罩的外饰面应按设计文件完成装修工程。

（251）工程收方。一般收方指的是合同范围内的需要现场确认的工程量，或者合同外增加的无图纸零星工程的工作内容，所做的是一种签认证明。

第五部分　其他

（252）询价。指获得准确的价格信息，以便在报价过程中对工程材料（设备）及时、正确的定价，从而保证准确控制投资额、节省投资、降低成本。询查材料设备价格的方法有：造价信息（地区刊物）、电话询价、上网查询、市场调查、厂家报价等。

（253）图集。按照一定规则编制的规范样本及说明文件的集合。

（254）五金手册。计算钢结构工程量时的常用文件。

（255）装配式。指把传统建造方式中的大量现场作业工作转移到工厂进行，在工厂加工制作好建筑用构件和配件（如楼板、墙板、楼梯、阳台等），运输到建筑施工现场，通过可靠的连接方式在现场装配安装而成的建筑。

（256）EPC。是指公司受业主委托，按照合同约定对工程建设项目的设计、采购、施工、试运行等实行全过程或若干阶段的承包。通常公司在总价合同条件下，对其所承包工程的质量、安全、费用和进度负责。

（257）PPP。又称PPP模式，即政府和社会资本合作，是公共基础设施中的一种项目运作模式。在该模式下，鼓励私营企业、民营资本与政府进行合作，参与公共基础设施的建设。

（258）BIM。一种应用于工程设计、建造、管理的数据化工具，通过对建筑的数据化、信息化模型整合，在项目策划、运行和维护的全生命周期过程中进行共享和传递，使工程技术人员对各种建筑信息做出正确理解和高效应对，为设计团队以及包括建筑、运营单位在内的各方建设主体提供协同工作的基础，在提高生产效率、节约成本和缩短工期方面发挥重要作用。

（259）广联达。立足建筑产业，围绕工程项目的全生命周期，是提供以建设工程领域专业应用为核心基础支撑，以产业大数据、产业新金融等为增值服务的平台服务商。经过近二十年的发展，实现了"让预算员甩掉计算器"的创业初衷，成为中国工程造价软件行业脊梁企业。未来，广联达将通过 BIM 和云计算、大数据、物联网、移动智能终端、人工智能等信息技术，结合先进的精益建造项目管理理论方法开发行业专业应用和解决方案，并逐次开展产业大数据和新金融服务，并以此为基础，打造数字建筑平台，服务于建筑产业的全生命周期。

参 考 文 献

［1］宋景智．建筑工程概预算百问［M］．北京：中国建筑工业出版社，2006．
［2］海洋．造价员小白成长记［M］．北京：机械工业出版社，2018．